新型职业农民培育工程

蔬菜农场化生产专项技术

王　玮　吴剑南　李长红　主编

中原农民出版社

· 郑州 ·

图书在版编目（CIP）数据

蔬菜农场化生产专项技术/王玮，吴剑南，李长红主编．—郑州：中原农民出版社，2015.8

ISBN 978-7-5542-1263-9

Ⅰ.①蔬… Ⅱ.①王… ②吴… ③李… Ⅲ.①蔬菜园艺 Ⅳ.①S63

中国版本图书馆CIP数据核字（2015）第189176号

出版：中原农民出版社

（地址：郑州市经五路66号　电话：0371-65751257

邮政编码：450002）

发行单位：全国新华书店

承印单位：郑州新海岸电脑制印有限公司

开本：787mm×1092mm　1/16

印张：10

字数：160千字

版次：2015年8月第1版　**印次**：2015年8月第1次印刷

书号：ISBN 978-7-5542-1263-9　**定价**：33.00元

本书作者

主　编	王　玮	吴剑南	李长红	
副主编	王　磊	张红征	夏小亮	周雪梅
	王卫雨	李　娜	曾　玲	胡晓华
	翟建荣	刘贺芳	史美玲	
编　者	卢王杰	王　见	周兴军	付玉林
	张　卉	李　伟	李金成	苏亚丽
	付海霞	张建岭	刘春利	刘继密
	张　便	米子华	赵冬生	

出版说明

蔬菜农场化生产是指以种植大户、家庭农场和农民专业合作社为主体的蔬菜规模化、规范化生产方式。农场化意味着蔬菜生产者的经济效益有保障，专项技术意味着蔬菜质量安全有保障。这两个保障需要新型职业农民和新农人的参与，编写这本书正是为了给他们提供蔬菜生产的技术支持。

《蔬菜农场化生产专项技术》主要介绍了黄瓜、番茄、辣椒、茄子、白菜、甘蓝和萝卜等大宗蔬菜生产的技术要点和难点，突出病虫害识别和蔬菜生理障碍的预防，实操性和实用性强。

图文彩版的创新形式离不开图片支撑，坦率地说，作者积累的图片增添了这本书的可读性，而选自互联网的图片使这本书更加出彩。因此，编者由衷地感谢互联网的图片作者，并承诺随时支付本应属于图片作者的稿酬。

尊重原创是出版人的准则，敬请未能取得稿酬的图片作者致电：0371－65788652，或在微信 813370441 留言。

编　者

2015 年 7 月

目　录

单元一
黄瓜农场化生产专项技术

单元提示

1. 黄瓜农场化生产关键环节精细管理方法。
2. 黄瓜生理障碍的预防措施。
3. 黄瓜常见病虫害识别及防治。

一、黄瓜生产基本知识

（一）黄瓜适宜生长的环境及结实特性

黄瓜的根主要集中在30厘米左右的土壤中，主根深可达1米。好气性强，吸肥能力弱，喜湿怕淹，耐弱光。

黄瓜适于肥沃、疏松的土壤。适宜生长的温度为15～32℃，不同生长期对温度的要求不同。

黄瓜雌雄同株异花，具有单性结实的特性。

（二）黄瓜生长周期

1. 发芽期

发芽期从播种至第一片真叶出现，一般5~7天。此阶段生长速度缓慢，较高的温度、湿度和充足的光照能促进及早出苗，出苗整齐，不会徒长。

2. 幼苗期

幼苗期从第一片真叶展开至四五片真叶展开，一般需要30天左右。此阶段开始花芽分化，但生长中心仍为根、茎、叶等营养器官。管理目标为促控结合，培育壮苗。

3. 初花期（发棵伸蔓期）

初花期从四五片真叶展开至开始坐瓜，需要20天左右。此阶段营养生长与生殖生长同时进行，生长中心逐步由营养生长转换为生殖生长，应促控结合，促坐瓜、控徒长。

小知识

雌花形成诀窍

雌雄花的多少与环境条件有直接关系，白天适温，适当地降低夜温，有利于雌花的形成。

每天光照8小时有利于雌花形成，光照超过12小时雌花减少。

湿度大有利于雌花形成，湿度过大易徒长，不利于雌花形成。

氮肥、磷肥一次性施入时，不利于雌花形成，分期使用雌花多。

4. 结瓜期

结瓜期从开始坐瓜至拉秧，持续时间因栽培方式不同而不同。此阶段植株生长速度减缓，以果实及花芽发育为主。应供给充足的水肥，促进结瓜、防止早衰。

黄瓜的颜色有深绿色、绿色、浅绿色、黄色或白色等，形状有棍状、棒状、短柱状等，有带刺带棱的，有无刺无棱的，有短小光皮的。

二、黄瓜农场化生产技术要点

（一）黄瓜农场化生产模式及管理技术要点

1. 栽培模式

- 常见栽培模式
  - 露地栽培
  - 反季节栽培
    - 塑料大棚（简称大棚）栽培
    - 日光温室（简称温室）栽培

2. 农场化栽培技术要点

（1）选种　不同的栽培模式和栽培条件需要选择不同的品种。选种时还要考虑不同地区的消费特点。

小知识　**不同栽培模式下推荐主栽品种**

适宜露地栽培的品种：东方明珠、黑优301、博杰18、天骄5号、天骄101、以色列冬冠。

适宜大棚、温室栽培的品种：博杰616、豫艺寒育六号、博杰605、博杰620、冬美11、津春3号、中农12号。

（2）育苗　有育苗技术人员和育苗场地的农场可以自己动手育苗，建议规模种植黄瓜的家庭农场直接购买育成苗，可联系附近的专业育苗基地。

特别推荐

河南省农业科学院园艺所育苗厂

负责人　史宣杰研究员

联系人　朱长林

联系电话　13803840196或13703984436

（3）整地施肥做畦　无论哪种栽培模式，黄瓜安全生产都需要整地、施肥。

建议每亩施用腐熟的有机肥5立方米，过磷酸钙25～30千克或磷酸二铵10～15千克。

定植前翻耕做畦，畦宽1.2米，高15厘米以上，并覆盖地膜。

（4）定植　苗龄35天左右时，可以定植。

壮苗标准　子叶完好，有3～5片真叶，节间较短，叶柄与主蔓的夹角为45°，叶色深绿，叶片肥厚，茎粗壮，根系发达，无病虫害。

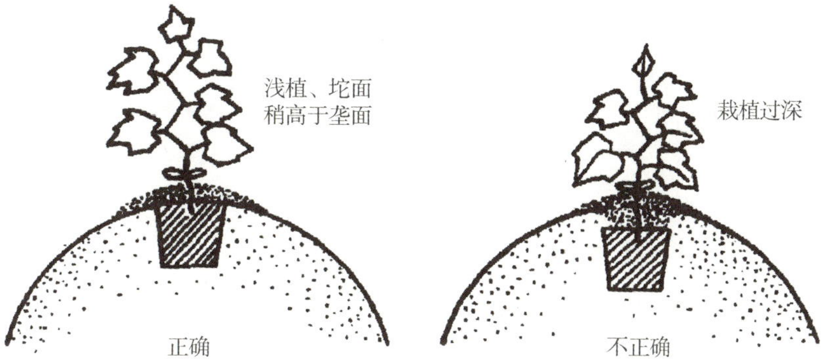

定植深度以嫁接夹离地面3厘米左右为好，苗坨要稍高于垄面。株距35～40厘米。

定植密度	
	露地定植密度，每亩 4 000～4 500 株，大小行定植，小行距 40 厘米，大行距 80 厘米，株距 25～30 厘米，用暗水法定植。
	大棚定植密度，每亩 3 500 株。
	温室定植密度，每亩 4 000 株。

（5）露地黄瓜插架、绑蔓

插架

定植后及早插架，防风抽苗，插架可采用花架或“人”字形架，插架杆距离根部8～10 厘米为宜。

绑蔓

采用“8”字方法绑蔓，防止磨伤茎蔓和茎蔓下垂。每 2～3 节绑一次，应在下午进行，上午茎蔓易折断。绑蔓的松紧度应抑强扶弱，对于生长势强的植株适当绑得紧一点，并使生长点高矮一致。

（6）大棚、温室黄瓜吊蔓新技术

林棚温室栽培的黄瓜，当植株高 15～20 厘米时（6 片真叶）开始吊蔓，用尼龙绳或吊蔓夹将蔓固定到上下垂直的拉线上。

一般情况下，黄瓜蔓上有5叶时吊蔓，或蔓长40厘米，开始出现倒伏前吊蔓。这时吊蔓不仅植株健壮，不易徒长，而且结果时间也会提前。

吊蔓要在龙头向下弯时进行。先用刀片把茎蔓上的不定根全部切断再吊蔓。

技术方法一：苗期落蔓控旺长

一般情况下，黄瓜蔓的高度超过1.6米才可落蔓，而黄瓜在刚定植后的一段时间仍属苗期，蔓大都不是很长，所以通常是不需要落蔓的。然而，当黄瓜在这一时期出现旺长时，可提前落蔓控旺长，也就是说，不必再等到蔓长到1.6米才落蔓。

当植株出现旺长时，在实施落蔓控长情况下，若再配合温度、肥水调控，则效果更佳。此期应降低夜温，拉大昼夜温差，棚室内夜温控制在12～14℃，温差保持在15℃左右为宜。同时，还要控制浇水次数和浇水量，并注意不要过早冲肥，尤其不能冲施含氮量过高的肥料。如果黄瓜进入初瓜期后仍然旺长，可留下根瓜，以果坠棵，必要时可通过喷洒生长调节剂控制。

技术方法二：伤根后提蔓促返棵

黄瓜吊蔓后，会随着植株的生长而不断地落蔓，一般来说，不可能将落下的蔓再提起来。然而，当黄瓜根系受伤时，植株会出现衰弱或花打顶现象，在很长一段时间内会迟迟不返棵。在这种情况下，如果把蔓提高至1.8米，增加植株的受光面积，可促进植株快速恢复。

具体操作：一般情况下，当黄瓜因浇水不当或用肥过多造成沤根或烧根时，如果黄瓜刚落蔓不久，蔓较低，就应解开吊绳，将蔓提至1.8米高时再将吊绳系住。如果黄瓜已落蔓很久，蔓不是很低时，就不需要再进行提蔓了。

将黄瓜蔓提起后，要注意尽量提高棚内温度，以气温促地温回升，以促使根系尽快恢复生长。同时，注意适当疏瓜，减少植株负载量，并用根佳、根多多等养根护根类产品灌根一次，能收到显著的生根效果。

技术方法三："提瓜落蔓"防瓜触地

一些坐瓜位较低的瓜条很容易接触地面，进而形成弯瓜。如何来解决这个问题呢？提瓜落蔓。

具体操作：落蔓时，先解开拴植株的吊绳，然后将植株拴在离最底部瓜条上部最近的叶片上，拴住后，再将黄瓜的龙头落下并盘绕在吊绳上，这样黄瓜落蔓后龙头会与其他植株等齐，黄瓜也不会接触到地面。

技术方法四：后期逛蔓促增产

黄瓜到了生长后期，植株开始败秧，常会出现弯瓜、大肚瓜等畸形瓜。解决办法就是逛蔓。

具体操作：无须解开吊绳，直接将黄瓜的龙头向一侧平拉，并将其盘绕在相邻植株的吊绳上，而相邻植株的龙头也要按同一方向向一侧平拉，将龙头盘绕在与其相邻植株的吊绳上，以此类推。待第二遍落蔓时，再将龙头向相反的方向折回来，盘在自身的吊绳上，如此反复。

技术方法五：看天落蔓防病害

阴雨（雪）天不适合落蔓，因为空气湿度较大，易引发病害。黄瓜落蔓时常顺带着摘老叶掐卷须，会造成较多伤口，植株很容易被病菌侵染。黄瓜落蔓宜在下午进行。要注意落蔓前后不能浇水，因落蔓前后3天内浇水，棚室内湿度增大，很容易引发病害流行。落蔓后及时用百菌清等广谱性杀菌剂混合农用链霉素或铜制剂全棚喷洒一遍，可有效防止病害的发生。

（7）整枝与掐尖　主蔓结瓜的，应去掉所有的侧枝。侧蔓结瓜的，在结瓜后留1～2片叶，并及时掐尖、打掉所有的卷须。当蔓超过架头时要尽快掐尖，促进下部瓜的生长，也可以采取扭尖的方法抑制上部生长。

人工吊蔓后，植株长出的卷须就没有攀爬作用了，所以要及时掐掉卷须，减少消耗。

（二）大棚和温室黄瓜定植技术要点

大棚生产时，提早扣棚、烤地，定植前20～30天扣盖棚膜，旧棚要进行消毒处理，可用磷酸三钠或次氯酸钠喷洒立柱和棚膜，也可用百菌清等烟剂进行熏蒸。高畦栽培并覆盖地膜。

小知识 温度管理

早春栽培的黄瓜前期管理主要是保温防寒。一般缓苗期前不放风，要加强夜间防寒，缓苗大约需要7天，应采取各种措施提高夜温促进缓苗。缓苗后到根瓜坐瓜阶段大约需要20天，要适当控制温度，白天20～25℃，夜间12～16 ℃，以防止徒长。盛果期要适当控温，白天25～30 ℃，夜间16～18 ℃。

大棚、温室生产时，定植前一个月把大棚、温室准备好，并进行棚室消毒，消毒可使用敌敌畏200毫升，加入硫黄1.5～2千克，与锯末混匀点燃，闷棚1～2天，可有效地杀死棚内的病虫卵。对于根结线虫较严重的棚室，还可以亩施石灰氮80千克，充分施匀。

冬季温室栽培黄瓜应起高垄，并采取滴灌或膜下暗灌的方法，垄宽1.2米、高15厘米左右，并采取地膜覆盖。也可以先定植后覆膜。

（三）黄瓜生产中的肥水和后期管理

及时浇水与中耕，水量多少及次数依天气、生育期而定。

缓苗水在定植后5～7天浇；坐瓜前控水、中耕、蹲苗；根瓜长10～12厘米时浇催瓜水。

结瓜期每5～7天浇水1次。

追肥的原则是前轻后重、少量多次，催瓜肥在根瓜坐住后追施，盛瓜肥在根瓜采收后进行。提倡追施有机肥。

1. 大棚、温室早春黄瓜生产肥水管理

早春栽培地温较低，定植水要适当小些，缓苗后浇缓苗水，浇水后进行中耕，并进行蹲苗。采收根瓜后进行浇水，以后每隔5天浇水1次，浇水最好在晴天早上进行，夏季暴雨忽晴后要浇水1次。浇水后及时通风降低棚室内空气湿度。

定植至根瓜采收可追肥1～2次，结瓜盛期7～10天1次。磷酸二铵和硝酸铵交替使用，随浇水冲施。

2. 大棚、温室春种夏收黄瓜生产肥水管理

浇好前三水：先要浇好定植水，防止苗根带的土坨和周围土壤分层，影响缓苗。在定植后 10 ~ 15 天，浇好缓苗水。这一水要浇足浇透，从畦中间的暗沟浇入，水位要顶到定植孔。根瓜采收后晴天上午浇第三水，也叫催瓜水。

进入 5 月以后，为防止植株衰老、脱肥，尽量延长采收期，此时应注意加强肥水的管理，一般 5 ~ 7 天浇 1 次水，7 ~ 10 天追 1 次肥，并确保冲施肥的质量。

小知识

促根控秧

春种夏收定植后 1 周内为促进缓苗，白天温度保持 23 ~ 30℃，夜间 15 ~ 17℃。缓苗后要加大放风量，晴天中午室内气温最高不超过 30℃，夜间 15 ~ 12℃，早晨揭帘前维持在 10℃ 即可，加大昼夜温差，控制地上部分的生长。若温度偏高，植株长势过旺，到最严寒的 1 ~ 2 月抵御低温寒流的能力下降，同时叶片过大会造成地面遮阴严重，也会影响地温的升高及根系的发育。

3. 黄瓜栽培后期管理

当茎蔓生长到铁吊蔓丝以上时，把下部老叶、病叶打掉，然后把茎蔓落到垄（畦）面上，并盘绕。通过这样的方法来降低茎蔓高度，促进新生茎蔓继续生长和结瓜。

（1）落蔓摘叶　随着植株的生长和瓜条的陆续采收，生长点接近棚室顶部时要落蔓。方法是：在落蔓的上方把拴在铁丝上的塑料绳解开，使黄瓜生长点下落至合适的高度后再重新拴好。落蔓前将下部的老叶、病叶及时摘掉，可减少养分消耗，改善通风透光条件，避免病害传播。

（2）打顶、疏瓜，及时采收　若出现花压顶，黄瓜呈萎缩状时，可去顶摘心，促生回头瓜。为提高瓜条的商品率，应及时疏掉弯瓜、病瓜和多余的小瓜。采收一定要及时，不可延迟采收而影响瓜条的商品性及总产量。

4. 特殊天气的管理

在遇寒流、下雪、连阴天等恶劣天气的情况下，要采取特殊的管理措施，以减少或避免灾害性天气给生产造成损失。

在强寒流到来时，要严密防寒保温，增加纸被、草帘等覆盖物，棚室内采取生火炉、点灯泡等临时加温措施。

在冬春季用筒状农膜装水后，两头扎住，放在行间白天蓄热，晚上放热，可提高夜晚的温度。天热后放水浇地，收起塑料袋。也可将未腐熟的畜禽粪便装入袋中发酵，作冲施肥。

下雪天，要及时清扫棚室顶部积雪，防止骨架负荷过重造成棚室倒塌。

连阴天，要及早采收瓜条，减少瓜条对养分的消耗。在不影响室内温度下降的情况下，尽量揭开草帘争取一定时间的散射光。天气骤晴后进行叶面追肥，以迅速补充养分和增加棚室内湿度。若叶片出现严重萎蔫时，可适当回盖草帘。

三、黄瓜生理障碍及预防措施

1. 化瓜

当瓜长 8 ~ 10 厘米时，瓜条不再伸长和膨大，且前端逐渐萎蔫、变黄，后整条瓜逐渐干枯。主要原因是栽培管理措施不当，如水肥供应不足、结瓜过多、植株长势差、光照不足、温度过低或过高等。

2. 苦味瓜

苦味主要是因为苦味物质葫芦素所致。造成苦味瓜的主要原因是偏施氮肥、浇水不足等。环境条件不适也可形成苦味瓜，如持续低温、光照过弱、土壤质地差等。

3. 畸形瓜

畸形瓜主要有蜂腰瓜、尖嘴瓜、大肚瓜、弯曲瓜、僵瓜等。形成原因是栽培管理措施不当，如肥水管理不当造成植株长势弱，乙烯利处理不当等，温度过高、过低造成授粉不良。高温干旱、空气干燥也可形成畸形瓜。另外，土壤缺维生素 B、维生素 K 时也可形成畸形瓜。

蜂腰瓜

尖嘴瓜

弯曲瓜

僵瓜

预防措施：①大肚瓜预防。肥水供应要充足、及时，增施叶面肥。②弯曲瓜预防。不要过早、过多摘去底部叶片；采取“少吃多餐”的肥水管理；单株勤采瓜，弯曲瓜早摘除，喷施多元素叶面肥；吊石（泥）块拉直；在瓜弯曲处内侧涂抹3万倍的赤霉素（920）2～3次。③尖嘴瓜预防。改善环境温光条件，保证肥水及时、充足供应，增施叶面肥，及时摘除尖嘴瓜。④蜂腰瓜预防。加强肥水管理，中期追施磷酸二氢钾。

4．低温障碍

症状及原因

播种时地温过低，种子发芽和出苗延迟，造成黄弱苗、沤籽或发生猝倒病、根腐病等。有些出土幼苗子叶边缘出现白边，叶片变黄，根系不生长；地温如果长时间低于12℃，根尖变黄或出现沤根、烂根现象，地上部开始变黄。定植后发生寒害或冻害后，出现叶色深绿，叶缘微外卷，大叶脉间出现黄白色斑，冻害加重后扩大而连片。或植株发根缓慢，或不发根，或者花芽不分化，整个植株生长瘦弱，出现花打顶，甚至叶片枯死至全株枯死。

预防措施

①选用发芽快、出苗迅速、幼苗生长快的耐低温品种。②把浸泡后快发芽的种子置于0℃冷冻24～36小时后播种，可增强抗寒力。③避开寒冷时段育苗、定植。在棚里生火炉或增加地热线等提温措施。④施用酵素菌沤制的堆肥或充分腐熟有机肥。⑤在寒流侵袭之前喷植物抗寒剂，每亩喷100～200毫升10%宝力丰抗冷冻素400倍液或3.4%碧护可湿性粉剂7 500倍液或红糖50克对水一桶再加0.3%的磷酸二氢钾喷施。⑥如气温过低已发生冻害，要采用缓慢升温措施。如久阴天晴后用草帘遮光，使黄瓜的生理机能慢慢恢复，千万不能操之过急。

5. 缺素症

(1) 缺钾症　先是叶缘出现轻微黄化，接着叶缘枯死，随着叶片生长叶向外侧卷曲。防治方法是及时补施钾肥，应与补铁同时进行。

(2) 缺镁症　先是黄瓜下部叶片叶脉间的叶肉逐渐失绿变黄，若进一步发展，除了叶缘有一点绿色外都变黄，严重时上部叶片也从内侧变黄。防治方法是增施有机肥，配方施肥，避免偏施氮肥造成土壤呈酸性影响钙镁的吸收。缺镁时可叶片喷施1%～2%的硫酸镁溶液等，注意补镁的同时应结合补钾、补锌。

(3) 缺硼症　缺硼时生长点坏死，花器发育不完全，叶、茎、瓜停止生长，叶缘黄化，黄化部分较宽，瓜皮上有裂纹。防治措施是增施有机肥，不要过多地施用生石灰，合理浇水。及时补充硼肥，可使用螯合硼系列，避免单一施用硼砂类肥料而对土壤造成伤害。

6. 土壤盐渍化障碍

症状及原因

日光温室或大棚由于连年大量施入化肥，加上棚室内高温促使地表水分大量蒸发，造成土壤矿物质营养随水分上升累积于土壤表层。另外，棚膜周年覆盖，室内土壤不受雨水冲淋，造成土壤次生盐渍化，长期积累地表的盐形成一层厚厚的绿苔。这不仅影响根系生长和水分、养分的吸收，还会诱发缺素症，如缺镁、缺钙、缺硼等。造成植株矮小、生长慢，根系不下扎而聚集在主根周围，叶片小，叶色暗绿无光泽；开花结瓜少，瓜小，畸形瓜多，产量明显下降，严重时瓜秧萎蔫。

预防措施

增施有机肥，深翻土壤，尽量不用或少用在土壤中易形成盐类的化肥，如硫酸铵等。农闲时大量灌水压盐或在夏季休闲期揭膜，让雨水冲淋压盐。用黑籽南瓜嫁接黄瓜，提高耐盐能力，减轻或避免盐害。棚室内地膜覆盖可明显抑制地表水蒸发，可起到一定的抑制盐化作用。

四、黄瓜主要病虫害识别与防治

1. 猝倒病

发病规律及症状

猝倒病是黄瓜苗期较常发生且受害较严重的病害。春季遇倒春寒，天气阴冷潮湿多雨，瓜苗常大片受害死亡。夏秋季若遇暴风暴雨，也可使成片瓜苗倒伏死亡。

受侵害的幼苗在白色的嫩茎基部先出现湿润状似热水烫伤的不定形病斑，病部很快变软缢缩，幼苗不能直立而倒伏，但此时子叶仍青绿，嫩茎中、上部仍正常，因此叫猝倒病。潮湿时病部会长出稀疏的白色棉絮状物，不久幼苗干枯死亡。

防治措施

一是苗床消毒。在重茬地或旧苗床育苗时，要进行土壤消毒，可用50%多菌灵，或50%福美双，或40%拌种双，或25%甲霜灵可湿性粉剂，按每平方米床苗面积用4～5克，掺细土4～5千克拌匀。施药土时先要浇足底水，水渗下后将1/3的药土撒施于苗床表面，剩下的2/3药土撒施于播种后的种子上面。要注意畦面表土保持湿润，撒药土要均匀，以免发生药害。

二是加强苗床管理。调节苗床温度，白天20～30℃，夜间15～18℃，在注意提高地温的同时，要降低土壤的湿度，防止湿度过大。苗床保温与防风协调进行，增加光照，培育壮苗。

三是药剂防治。发病初期，要立即拔除发病植株，并用72%普力克水剂500～800倍液，或75%百菌清可湿性粉剂800倍液，每隔7天喷1次，连喷2～3次。对成片死苗的地方，可用72%普力克水剂400倍液，或绿亨2号800倍液灌根，每隔7天灌根1次，连续灌根2～3次。

2. 立枯病

发病规律及症状

立枯病是黄瓜苗期的主要病害，播种过密，分苗、间苗不及时，苗床湿度大，幼苗徒长，苗床缺肥，高温高湿条件下易发生。

幼苗茎基部出现褐色病斑，有时上大下小呈棒槌状。病苗初期，白天萎蔫，夜间恢复；后期枯死而不倒伏。

防治措施

一是育苗前做好种子处理和苗床土处理。

二是发病初期喷淋5%井冈霉素水剂800倍液，或50%扑海因可湿性粉剂1 000～1 500倍液，每隔7天喷1次，连喷2～3次。

3. 根腐病

发病规律及症状

根腐病是黄瓜苗期常见病害，病初根部、茎基部出现褐色坏死斑，严重时整体溃烂，地上部分萎蔫，叶片发黄枯死。

防治措施

一是采用高畦栽培，认真平整土地，防止大水漫灌及雨后田间积水，苗期发病要及时松土，增强土壤透气性。

二是发病初期喷洒或浇灌，用50%甲基硫菌灵（甲基托布津）可湿性粉剂500倍液，或根腐灵300倍液，或50%多菌灵可湿性粉剂500倍液。也可配成药土撒在黄瓜根茎基部。

4. 霜霉病

发病规律及症状

霜霉病的发病部位在黄瓜中、上部叶片，在田间观察时应掌握以下要点：每天上午8点左右，看叶背面是否有水浸状或多角形病斑，病斑上是否有灰霉层，若具备这几点可确诊为霜霉病。适宜发病环境是温度16～22℃，相对湿度在83%以上。该病病菌有两怕，即怕干燥、怕高温。干燥时病菌3～5天自然死亡。在棚室内湿度较大的情况下可以把温度控制到45℃2小时，再喷施适当的药剂防治即可。

防治措施

药剂可选用安克、普力克、灭克、霜脲锰锌、抑快净、金雷多米尔和阿米西达。另外，在防治霜霉病时，要同时注意细菌性角斑病的发生，可以在防治霜霉病的药剂中，加入防治细菌性角斑病的药剂。

5. 灰霉病

发病规律及症状

灰霉病可危害瓜条、叶片和茎蔓。温室内本病常在入冬后湿度大、温度低、放风不及时的情况下发生。温度20℃左右，阴天光照不足，相对湿度在90%以上，结露时间长，是灰霉病发生蔓延的重要条件。若温度高于30℃，相对湿度在90%以下，病害则停止蔓延。

受害瓜条大多先侵染败落的花，使花腐烂，长出淡灰褐色的霉层后，再进一步侵染到幼瓜。被害幼瓜迅速变软，萎缩腐烂，瓜面密生灰白色霉层。

发病叶片多有圆形、近圆形或不规则病斑，直径 20 ~ 50 毫米，病斑边缘明显，表面呈浅红褐色，生有少量灰霉。

茎蔓受害时局部腐烂，严重时病茎折断，整株死亡。

防治措施

保护地内发病初期可选用10%速克灵烟剂或45%百菌清烟剂，每次每亩250克，熏3～4小时。也可用50%扑海因可湿性粉1 500倍液，或25%适乐时可湿性粉剂600倍液，或50%利霉康500倍液，或25%阿米西达悬浮剂1 500倍液，每隔7天喷1次，连喷3～4次，要求药要喷到花及幼瓜上。在始花期用50%速克灵可湿性粉剂或25%适乐时可湿性粉剂200～300倍液点花或喷花效果明显。

6. 白粉病

发病规律及症状

初期在下部叶片正面或背面长出小圆形白粉状霉斑，后逐渐扩大，厚密，不久连成一片。发病后期整个叶片布满白粉，后变灰白色，最后叶片呈黄褐色干枯。茎和叶柄上也产生与叶片类似病斑，密生白粉霉斑。在秋天，有时在病斑上产生黄褐色小粒点，后变黑色。此病发生时叶片布满白粉，初期霉层下部表皮仍保持绿色，与其他叶部病害容易区别。发病的适宜温度条件是20～25℃，适宜相对湿度是35%～45%。所以，白粉菌对温、湿度的要求是不冷不热、不干不湿。幼嫩、徒长的植株易感此病。

防治措施

白粉菌对“硫”特别敏感，在定植前按每亩用硫黄粉1.8千克加锯末或其他助燃剂点燃熏蒸，密闭熏闷一昼夜，可杀死白粉菌，隔3天再熏闷1次，然后播种或定植。

当田间发生中心病株时，要及时喷药防治，可选用20%三唑酮可湿性粉剂1 000倍液或75%达克宁可湿性粉剂500～600倍液，或10%世高水剂

2 500倍液，或2%加收米水剂400倍液等，每隔5～7天喷1次，连喷3次。以上农药应交替使用。在喷药时，不要忽略对地面的喷洒。

7. 病毒病

发病规律及症状

黄瓜病毒病主要危害叶和瓜。苗期、成株期均能发生。幼苗期发病，子叶变黄枯萎，幼叶浓绿与淡绿相间呈花叶状。成株期发病，植株矮小，节间短而粗，叶片明显皱缩增厚，新叶呈黄绿相间花叶，病叶严重时反卷，病株下部老叶逐渐枯黄。瓜条发病后停止生长，表面呈深浅绿相间的花斑，严重时瓜表面凹凸不平或畸形。发病重的植株，节间缩短，簇生小叶，不结瓜，最后萎缩枯死。该病主要由蚜虫、飞虱及田间操作不规范等原因传播。在高温、干旱、日照强的条件下发病重。缺水、缺肥、管理粗放、蚜虫多时发病重。

防治措施

育苗时用遮阳网降温、遮光，远离带病作物。移栽后立即用天达2116药剂1 000倍液+天达裕丰1 000倍液喷雾和灌根，促苗防病。

发病初期可用20%毒克星500倍液或20%病毒A可湿性粉剂500液喷雾，每隔7天1次，连喷2次。

8. 细菌性角斑病

发病规律及症状

幼苗期子叶上产生圆形或卵圆形稍凹陷水浸状病斑，后变褐色干枯。成株期叶片上初生针头大小水浸状斑点，病斑扩大受叶脉限制呈多角形，黄褐色。湿度大时，叶背面病斑上产生乳白色黏液，干后形成一层白色膜或白色粉末状物，病斑后期质脆，易穿孔。茎、叶柄及幼瓜上病斑呈水浸状，近圆形至椭圆形，后呈淡灰色，病斑常开裂。潮湿时瓜条上病部溢出菌脓，病斑向瓜条内部扩展，沿维管束的果肉变色，一直延伸到种子，引起种子带菌。病瓜后期腐烂，有臭味。幼瓜被害后常腐烂、早落。土壤中的病菌通过灌水、风雨、气流、昆虫及农事作业在田间传播蔓延。病菌由气孔、伤口、水孔侵入寄主。发病的适宜温度 18～26℃，相对湿度 75% 以上，湿度愈大，病害愈重，暴风雨过后病害易流行。地势低洼、排水不良、重茬、氮肥过多、钾肥不足、种植过密的地块，病害均较重。

防治措施

发病初期喷新植霉素 5 000 倍液，或 30% 琥胶肥酸铜（DT 杀菌剂）可湿性粉剂 500 倍液，或 77% 可杀得可湿性粉剂 400 倍液，或 47% 加瑞农可湿性粉剂 600～800 倍液，以上药剂可交替使用，每隔 7～10 天喷 1 次，连喷 3～4 次。铜制剂使用过多易引起药害，一般不超过 3 次。喷药时要均匀地喷到叶片正面和背面，以提高防治效果。

9. 根结线虫

发病规律及症状

根结线虫主要危害根部。根受害后发育不良，侧根多，并在根端部形成球形或圆锥形大小不等的瘤状物，有时串生，初为白色、质软，后变为褐色至暗褐色，表面有时龟裂。病株地上部分发育不良，叶色黄，天旱时萎蔫枯死，易被误认为是枯萎病。根结线虫发育的适宜温度为25～30℃，27℃时繁殖一代需25～30天，幼虫在10℃时停止活动，55 ℃经10分死亡。根结线虫多在20厘米深土层内活动，以3～10厘米土层内最多。根结线虫靠土壤、病苗、灌溉水、农事作业等传播蔓延。地势高、土壤疏松、盐分低的条件下有利于发病，沙土地、重茬地发病重。在无寄主的条件下，根结线虫在土中可存活1年。

防治措施

土壤消毒：种植前结合深翻每亩施用石灰氮80千克，土壤用1.8%虫螨克乳油每平方米1～1.5毫升对水6升消毒，或每亩用3%米乐尔颗粒剂4～6千克，拌干细土50千克撒施；生长期再用1.8%虫螨克乳油1 000～1 500倍液灌根1～2次，间隔10～15天。

收获后田间彻底清除病残株，集中烧毁或深埋可用以沤肥。

每亩施用2吨沼渣可有效地防治根结线虫。有条件的地方在蔬菜采收结束后种一茬水稻效果更好。

10. 白粉虱

发病规律及症状

白粉虱食性很杂，可危害多种蔬菜。主要以若虫危害，集中在黄瓜叶背面吸取汁液，造成叶片褪色、变黄、萎蔫，严重时植株枯死。白粉虱危害时还分泌蜜露，污染叶片，引起霉菌感染，影响植株的光合作用，严重影响产量和品质。

防治措施

尽量避免混栽，特别是黄瓜、番茄、菜豆不能混栽。调整生产茬口也是有效的方法，即头茬安排芹菜、甜椒等白粉虱危害轻的蔬菜，下茬再种黄瓜、番茄。

老龄若虫多分布于下部叶片，摘除老叶并烧毁。在温室设置黄板可有效地防治白粉虱。

用背负式机动发烟器把1%溴氰菊酯或2.5%戊菊酯（杀灭菊酯）油剂雾化成雾滴，悬浮在空气中的雾滴杀灭成虫效果很好。

可用25%噻嗪酮（扑虱灵）可湿性粉剂或2.5%溴氰菊酯或20%氰戊菊酯（速灭杀丁）乳油2 000倍液喷雾，每隔6～7天喷1次，连喷3次。还可用烟雾剂进行熏蒸，连续2～3次。

小知识

原药稀释的方法

先把药液箱用净水清洗干净，晾干空箱。稀释原药时，先把需要的原药量准确量取后，全部倒入药箱中，再加入稀释水量的1/3，摇晃药箱，把药液摇匀，再加入剩余的2/3水量，继续摇晃药箱，直到药液充分摇匀后，稀释完成。

提示：未经充分、均匀稀释的药液易产生药害。

单元二
番茄农场化生产专项技术

单元提示

1. 番茄农场化生产关键环节精细管理方法。
2. 番茄生理病害的预防措施。
3. 番茄常见病虫害识别及防治。

一、番茄优质高产栽培关键技术

1. 番茄优良品种推荐

适宜露地栽培的品种：粉都宝石、粉都高产王、粉都金冠王、瑞德美、瑰丽100、新番4号。

适宜大棚、温室栽培的品种：金粉早冠、粉都高产王、金粉101、西方佳人、粉博瑞、欧克、普克。

小知识 番茄选种原则和注意事项

原则 一是能够获得高产。二是耐弱光性好。三是抗病性强，耐潮湿，对温度适应性强。四是适应消费市场。

注意事项

不能盲目求新。在每一个地区都有几个常规大量栽培品种，大多适应性强、高产，很受市场欢迎。但有些菜农总认为种植新奇品种好，事实恰好相反，没有经过试种的品种，极易失败。建议要选自己已种过或看见别人种过确实好的品种。

不盲目选购外地品种。品种有着较为严格的地区性，在甲地是抗病高产的良种，到乙地可能就是多病低产的劣种。如2014年某村购买没有经过试种的外地番茄品种，结果造成大面积严重减产、减收，纠纷至今未了，应吸取教训。

买种不要图便宜。目前市场上销售的番茄种子都是杂交一代，二代作种就会严重分离退化减产。而有些杂交一代种子价格高，特别是一些由国外引进的种子，价格几毛钱一粒。有些种子商看到有利可图，就用二代种子或其他种子顶替而低价销售，给生产者造成巨大损失。所以，买种不能光看说明书和包装，还要看销售者的信誉度。

2. 定植苗标准

（1）低温期　定植苗苗龄60天左右，苗高2厘米左右，茎粗0.6～0.7厘米，幼苗上下茎粗相同，节间短且粗壮，具7片真叶，根系白色且须根多。基质苗根系呈跟包土状，不散坨。叶片肥厚，叶部健全，叶色深绿、叶背及茎部呈紫色。花蕾肥硕饱满，无病虫寄生。

（2）高温期　定植苗苗龄25～45天，具4～5片真叶，根系白色且须根多。叶片肥厚，叶部健全，叶色深绿，无病虫寄生。

3. 覆膜技术

畦面全覆盖地膜，可以提高地温，降低空气湿度，但密闭的地膜却使整个土壤中的氧气减少，不利于根系的呼吸和生长发育。如果把地膜支撑起来，覆盖麦秸（糠）、稻壳（糠）、草木灰等，既能起到保温降湿的目的，又能增加透气性，利于根系生长。

小知识

膜下暗灌技术

在马鞍形高畦的沟上覆盖一层塑料薄膜，做成灌水沟，在膜下沟中进行灌溉，操作行之间不覆盖地膜，盖麦秸、麦糠、稻草等。

注意事项

马鞍形畦覆盖地膜后要用铁丝、细竹竿或树枝等把地膜撑起来，不要让地膜贴在沟面上，否则会阻挡浇水，不利于浇“跑马水”，易形成积水，造成土壤湿度大，病害重。

4. 吊绳、绑蔓、打杈

（1）吊绳　吊绳固定在铁丝上，茎蔓缠绕在吊绳上，吊绳留 1 米多长，缠绕在吊钩或短的棍棒上。当茎蔓高度超过吊蔓铁丝时，放开多余的吊绳，使吊绳和茎蔓一起落下，这样就不容易折断茎蔓了。

（2）绑蔓　在茎蔓生长后期，当茎蔓变粗、变硬时，如果还采用缠绕茎蔓的方法吊蔓，就很容易折断茎蔓造成损失。因此，需要对番茄茎蔓进行束绑。可利用绑蔓器绑蔓。绑蔓位置在枝杈处为好。

（3）打杈　打杈的时候，手要捏住杈的上半部分，把杈揪下来，不能手捏住杈的基部打杈，以防手指沾染上植株汁液，避免通过汁液传播病毒病。

手不能捏杈的基部，尽量也不要碰基部。

5. 番茄授粉新技术

（1）喷（抹）花序的正确方法　一是在每穗花序上有一半（2～3 朵）开放时才能喷（抹）花。二是不使用 2，4－D 喷（抹）花，采用新型喷（抹）花剂，如丰产剂 2 号，不产生畸形尖嘴果。

采用新型喷（抹）花剂，如丰产剂 2 号。

（2）熊蜂授粉技术

在棚室内释放熊蜂，通过熊蜂采花授粉。每箱蜂可连续授粉40~50天。

（3）振荡授粉器授粉技术

直接用振动针点击开放的花朵即可把花粉打散开，实现授粉。

6. 番茄整枝技术

（1）单杆整枝法　把所有的侧枝全部去除，只留主蔓。主蔓上保留2~4穗果摘心。这种整枝法适宜于早熟密植栽培。

（2）双杆整枝法　保留主蔓及第一花穗下的1个侧蔓，任其生长，其余侧枝全部除去。这种整枝法适宜于中晚熟品种大架栽培。

（3）换头整枝法　主蔓结2穗果后，摘心，保留第一花穗下的一个侧蔓继续生长，待侧蔓结2穗果后再摘心，换另1个侧蔓生长，如此循环。这种整枝法适宜于中晚熟丰产栽培。

（4）多秆整枝法　每株保留3～4个强健侧枝，每枝结2～3穗果后摘心。这种整枝法适宜于大架丰产晚熟栽培。

小知识

摘心与摘叶

摘心　番茄植株生长到一定高度，结一定果穗后就要把生长点掐去，称为摘心。有限生长类型番茄品种可以不摘心。一般早熟品种、早熟栽培、单秆整枝时，留2～3穗果实摘心；晚熟品种、大架栽培、单秆整枝时，留4～5穗果实摘心。为防止上层果实直接暴晒在阳光下引起日灼病，摘心时应保留果穗上方的2片叶，以遮盖果实。为防止番茄病毒的人为传播，在田间作业的前一天，应有专人将田间病株拔净，带到田外烧毁或深埋。作业时一旦双手接触了病株，应立即用消毒水或肥皂水清洗，然后再进行操作。

摘叶　结果中后期植株底部的叶片衰老变黄，说明已失去生长功能，这些叶子需摘去。摘叶能改善株丛间通风透光条件，提高植株的光合作用强度，但摘叶不宜过早和过多。

7. 去顶端花朵技术

同一穗花序中，顶端的花朵成果慢，成果小，如果保留的话，会影响前期已结果实的膨大和转色，需要去掉。

当前期的花朵已坐住3～4果时，如果顶端还有1～2朵没坐住果的花朵，就要及早摘除。

8. 生产实操小技巧

（1）吊温度计的正确方法　一是温度计不能在阳光下暴晒，应该放在立柱北面或用报纸卷成喇叭口状套住温度计。二是挂的温度计感温部分高度始终保持在植株生长点地方，这样测出的温度才准。

（2）坠枝处理　果实在生长期间，随着果实的膨大，重量会越来越大，最后会出现坠枝现象。如果在操作中不注意的话很容易碰掉没有成熟的果实（枝），造成减产。

为防止果实（穗）不小心被碰掉，可用绳子吊住果穗枝，或用番茄夹夹住果穗柄。

9. 春番茄露地栽培定植后田间管理要点

（1）定植、始花与初结果期的管理　从定植后到第一穗果坐住，这一阶段的管理重点是提高地温，促进缓苗，适当控制营养生长，调节营养生长与生殖生长间的关系，使营养生长及时转入生殖生长。

在定植后，在第一穗果膨大前，一般不浇水，可中耕 2 ~ 3 次，疏松土壤，提高地温，促进缓苗，增强根系的发育，进行蹲苗。如果遇天旱，土壤墒情不好，午间植株有萎蔫时，可在第一穗花序开前或开后浇水，但切勿在开花期浇水，以免造成落花落果。

春季露地气温较低，易导致第一穗花序落花落果。为提高坐果率，可在晴天温度较高时，用 12 ~ 15 毫克/千克防落素（番茄灵）涂花或蘸花，以保花保果。

此期还应及时插架绑秧，保持番茄直立生长。一般用竹竿作为支架，每株1竿，每生出2～3片叶即应用塑料绳把蔓绑缚于竹竿上。

番茄各叶腋都能抽生侧枝，若任其自然生长，则妨碍通风透光。枝叶过茂，落花落果，成熟期推迟。因此，必须进行整枝。

（2）结果期管理　从第一穗果开始膨大到拉秧为结果期。这一时期应及时浇水，追肥。充分供应番茄植株所需的肥水需求，保持叶片有旺盛的光合能力，保证果实的正常发育。调节生长与结果的关系。

第一穗果坐住后，第一次追肥，肥随水冲入。第二穗果采收后，进行第二次追肥（具体施肥量见下文）。

第一穗果开始膨大后，植株蒸腾量渐大，气温升高，土壤蒸发量也日渐高，需增加浇水次数，一般如遇天旱5～7天浇水1次，结果盛期4～5天浇水1次。保持土壤湿润，切忌忽干忽湿，以防裂果。此期，土壤干旱会严重影响果实的膨大，降低产量。

待采收结束前30天左右，在最后一穗果上留2～3叶摘心，以抑制生长，促进结果。生长的后期，还应及时摘除下部的老叶、病叶，以利通风，减少病虫害。

在第一穗果膨大基本结束时，打顶，然后从主秆下部保留1～2个侧芽，等上部果穗全部坐果后，重新选择其中一个健壮的侧枝，形成新一茬结果。这种方式可以重复两次，使番茄完成周年的生长。

二、番茄高产施肥技术

1. 番茄需肥特性

番茄喜肥又耐肥，每亩生产 3 300 千克番茄需从土壤中吸收氮 14.3 千克，磷 4.3 千克，钾 12.3 千克。

番茄在幼苗期对氮的需求量较大。

在第一穗果开始结果时，番茄对氮、磷、钾的吸收量分别为 50%、18% 和 32%。

结果盛期，对氮、磷、钾的吸收量为 35%、15% 和 50%。

特别提示：番茄生育期施氮肥过多，易使植株徒长和落花，影响根系对钙的吸收，引起脐腐病等病害，还易发生很多生理障碍。

2. 番茄施肥要点

（1）基肥　秋冬茬番茄在 9 月上中旬定植，越冬番茄在 10 月中下旬至 11 月定植。定植时结合翻耕整地，施足有机肥，同时撒施蔬菜专用肥 70 ~ 100 千克/亩。

（2）追肥　第一穗果坐住后开始追肥，以后每穗坐果后结合浇水追肥一次，施用蔬菜专用肥 20 ~ 35 千克/亩。

（3）叶面施肥　坐果期应喷施氯化钙、过磷酸钙、氨基酸钙、补钙灵等以满足番茄对钙的需要。叶面施肥的适宜间隔时间为 5 ~ 7 天。连阴天叶面喷施肥料次数要少，并在施肥后进行短时间通风。

叶面肥使用不当发生肥害伤叶时，要用清水冲洗叶面，冲洗掉多余肥料，并浇水增加叶片的含水量。

3. 番茄追肥四原则

一控

番茄定植至坐果前的这一段时期，应看苗追肥，控制追肥量。若追肥过多且过于集中，易造成植株徒长，甚至引起落花落果。因此，除非植株严重缺肥，一般都应控制追肥量，略施稀释有机肥液（如沼液）即可。

二促

番茄幼果期和采收期应重追肥，以促进其生长发育。在第一穗果长至核桃大小时要迅速追施速效肥料1~2次。一般施用浓度为5%含硫复合肥浸出液，以保证植株不脱肥。幼果进入膨大期后，为满足植株生长需要，避免后期脱肥，应采取勤追猛保的方法，一般在晴天每隔10天施一次浓度为5%含硫复合肥浸出液。

三喷

番茄不仅根部能从土壤中吸收营养元素，而且叶子也能吸收矿物质营养，以促进果实及种子的发育。因此，在果实生长期间特别是前期连续阴雨不能进行土壤追肥时，应喷施2~3次叶面肥，可用有机液肥300~500倍液喷施，还可用螯合态多元复合微肥500倍液喷施，以提高番茄的品质。

四忌

番茄追肥忌在土壤较湿和中午高温的情况下进行，并且忌过于集中施肥。集中施肥易使植株徒长且产生肥害；在土壤较湿的情况下施肥易引起落花、落叶和落果等生理性病害；在高温条件下施肥，植株叶片水分蒸发量大，会影响肥效发挥。此外，施肥时间应避开高温时期，以清晨或傍晚为宜。

小知识

秋季番茄追肥

追肥以沼液、复合肥、尿素等速效肥为好。应视天气、苗情合理进行，干旱天气应稀肥勤施，雨后或灌水前可适当增施，掌握前轻后重的原则，即坐果前轻施促苗肥，尤其要控制氮肥；膨果期和采收期，应定期追肥，每次每亩冲施有机肥1 000千克或复合肥5~6千克，根际追肥应离根部10~15厘米。

叶面喷施微肥是补充植株营养的有效措施，可结合喷洒杀菌剂，定期喷施“高能红钾”等经试用安全有效的叶面肥。同时，配合施用“免深耕”，每亩施用“免深耕”200 克对水 100 千克，喷施于湿润的土表。

三、番茄生理障碍及预防措施

1. 脐腐病（黑肚脐）

果实发育初期，病斑在果顶以柱头底部为中心，呈水浸状暗绿色，以后褪色至黑色，但不腐烂，最后病斑向内凹陷。

发生原因

果实膨大期间，特别是开花后对果实供给钙素不足所致。土壤过干、地温过高、氮肥过多及酸性土壤均会使根系对钙的吸收受阻，都能引起此病的发生。

预防措施

多施有机肥，氮、磷、钾肥要合理搭配，勿过多偏施氮肥，适当增施钙素肥料，避免土壤过干或过湿。酸性土壤可用石灰调节（每亩 50～100 千克）。除此以外，在幼果期可用 0.5% 氯化钙水溶液喷叶片及果实，每隔 10

天 1 次，连喷 2～3 次。

2. 脐裂果（露籽病）

果实发育最初期，果皮无规则裂开，胎座组织及种子外露。随着果实的膨大，脐裂部位也增大。

发生原因

主要是花芽分化期间温度过低（8℃以下）形成畸形花的花柱开裂所造成，但品种间差异很大。

预防措施

要选择耐低温的品种，花芽分化期间防止温度过低，要求日温 20℃以上，夜温 10℃以上。

3. 空洞果（空腔果）

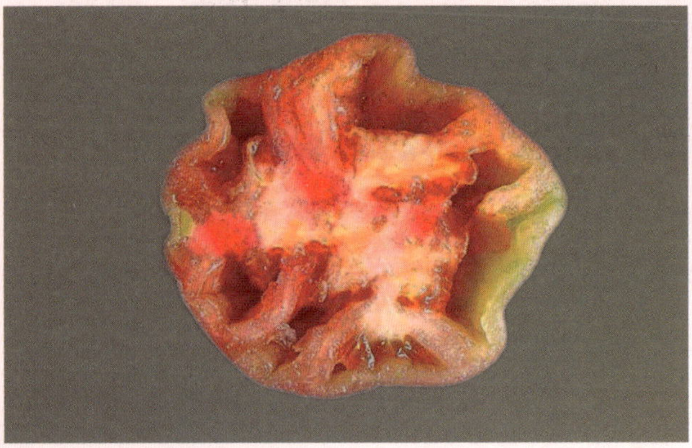

果实胚座发育不良，与果壁间产生空腔，果胶物质不发达，几乎没有种子。

发生原因

高温使番茄花无法正常授粉，导致只有果壁发育而胚座发育不良，形成无籽番茄。使用生长激素方法不当，不顾植株长势和坐果情况，用生长激素处理未成熟的花，另外开花坐果期间土壤过于干旱等，也会造成果实肥大而水分养分供应受阻，导致空洞果的发生。

预防措施

施用生长素浓度要适当，方法要得当，开花期间防止温度过高或过低，以免授粉不正常。及时疏果，加强水肥管理，避免干旱缺水。

小知识 避免空腔果的三个方法

一是熊蜂授粉 一般每箱蜂可连续授粉 40～50 天，基本能保证一季生产用。但成本较高。

二是手指弹花 用手指弹动已开花朵，使花粉散开，帮助授粉。

三是使用电蜜蜂 直接用振动针点击开放的花朵即可

把花粉打散开，实现授粉。

4. 尖顶果（桃形果）

尖顶果是果脐部突出，形状如桃形的番茄。

发生原因

施用生长素（防落素、2,4－D）浓度过高造成的。

预防措施

喷花使用的防落素或2,4－D必须根据不同品种使用不同的适宜浓度，在此期间不能干旱缺水。

5. 霸王果

在一穗果实中有一个特别大的果实叫霸王果，其余果实明显小。

发生原因

同一穗花序中只有一朵开放时就过早喷（抹）花，致使早开的花朵吸收营养过早、过多，形成大果实，而晚开的花朵因晚吸收和吸收不到足够的营养而形成小果实。

大果实和小果实都不好卖，商品性差。

预防措施

要在同一穗花中有 2～3 朵（一半）花开放后再喷（抹）花。

6. 裂果

果实接近成熟时，表皮开裂。

原因

在持续高温的环境条件下，成熟的果实会出现裂果现象。高温环境下突遇降雨降温，大温差天气或果实成熟期浇水过大等都会造成裂果现象。

预防措施

选用抗热、皮厚品种。露地栽培注意晴天暴雨后采用涝浇园技巧。保护地要遮阳降温，通风透气，喷水降温。叶面及早喷施钙肥等，可减少裂果。

7. 落花落果

原因

病虫危害。①病毒病使花蕾先变褐后脱落，使果实畸形或腐烂，使叶片卷曲变色，影响光合作用，造成落花落果，一般年份掉落 20% ~30%，严重时达 70% 以上。②灰霉病使花蕾萎缩。③早疫病使叶片变褐，失去光合作用。④炭疽病使果实产生大片褐斑，进而腐烂造成落果。⑤日灼病使果皮在强光直射下变白，招致病菌侵入，造成果实腐烂。⑥软腐病使果实变臭、流汁，只留空皮。⑦白粉虱吸食茎叶汁液，造成养分消耗、果实斑驳，还传播病毒病。

营养不良。施肥不合理导致营养生长与生殖生长失调，具体表现为枝叶过旺生长，植株负担太重，造成不坐果或大部分花果掉落。

管理不善，未能及时打杈、疏花疏果，引起养分损失。土地不平，灌溉或暴雨后地表有积水，形成根系呼吸不畅，营养吸收受阻，轻者落花、落果，重者整株死亡。

环境恶劣。高温、干旱会促使植株老化、早衰，同时诱发病毒病，造成花、果掉落。阴雨连绵，导致植株光合功能下降，脱肥变黄，引起病害流行。水涝造成沤根、死秧，使花、果发黄掉落。狂风、暴雨、冰雹也能使一部分花果掉落。

预防措施

科学管理六措施。①选择排、灌条件好的中性壤土，实行3年以上的轮作。起垄覆膜，后期地膜反光，能使果实加快着色。②适当多施磷、钾肥，并与有机肥混合提前沤制，使其渗入有机肥中，以减少养分流失。③苗栽于覆膜垄背的两侧，苗期要合理整枝，及时去除侧枝，避免养分消耗。④中后期适时遮强光（用遮阳网覆盖棚室）；适时调节气温（白天不高于30℃，夜间不低于15℃），中午气温高时叶面喷水降温；适时中耕、培土、防倒。⑤地皮一干即浇水，宜小水勤浇，勿大水漫灌，有积水及时排除。株高25厘米左右时插架，结果后及时捆枝，可防果实着地腐烂，又可改善田间通风透光条件，利于果实成熟。⑥合理留花留果，对弱花、弱果要及时去除，结果后结合浇水施肥。长出5～6批果穗后，要及时摘心并打掉下部老叶、黄叶，以利增加大果、好果。

防病防虫。主要防治病毒病、炭疽病、灰霉病、早疫病、软腐病，防治白粉虱、棉铃虫、玉米螟等，同时摘除病果、烂果、虫果，带出园外深埋，以防人为传染。

预防早衰。及时采收，收获一批果实后，适时进行追肥浇水，保证后期果实的产量与品质。

四、番茄常见病虫害识别与防治

1. 烂根病

原因

土壤湿度大。由于冬季大棚内温度低，湿度相对较大，植株叶片内的水分蒸腾量小，大量浇水造成地温过低，土壤通透性差，从而引起烂根、沤根的现象。

夜间温度低。大棚内夜间气温保持在15℃以上，地温才能保持在

20℃以上。否则不利于番茄生长。

昼夜温差大。番茄结果期的适宜温度，白天为25～28℃，夜间为16～20℃。当夜间温度长时间低于15℃，且日温高于30℃时，地下部根系受损，地上部蒸腾过大，从而引起植株萎蔫。

重茬时间长。长期重茬栽培，土壤内会残留大量的各种致病菌，易造成青枯病、枯萎病等病害，且容易损害土壤通透性造成烂根。

防治措施

选择抗病品种。应采用无限生长型、大果、耐寒、耐阴、抗病的优良品种。

多施有机肥。容易发生沤根的土壤多是黏重、透气性差的黏壤土。有机肥能改善土壤团粒结构，增加土壤通透性。

栽前高温闷棚。高温闷棚可杀菌防病，方法是：在定植前7～10天，将棚内土壤深翻20厘米喷洒20%多菌灵可湿性粉剂400倍液，盖好薄膜使棚内温度达50～60℃，闷棚5～7天。重茬病重地块可重复2～3次。

控制浇水次数和时间。冬季大棚由于温度低，土壤水分蒸发较少，应适当控制浇水，一般每隔7～10天浇1次水，不能大水漫灌，也可隔一行浇一行。浇水的时间应掌握在“寒流尾，暖流头”，寒流或连阴天时不能浇水。

提高夜间温度。方法有：①加厚草帘，厚度以白天盖棚后棚内不见光为准。②双层膜覆盖，即夜间草席上加盖一层薄膜，既可保温，又可保护草席不受雨雪侵蚀。

加强大棚内通风透光。大棚内特别是浇水以后（在保证棚温的前提下）应增加通风透光量，减少棚内空气和土壤湿度，防止病害发生。

倒茬换土。任何蔬菜长期在同一地块内种植，会造成病原菌大量繁殖，倒茬换土是防止重茬病害发生的有效措施。

2. 轮纹病

发病症状

受害叶片最初出现水渍状暗绿色病斑，慢慢扩大呈近圆形或不规则形，上有同心轮纹。在潮湿条件下，病斑会长出黑霜。病斑大多从植株下部叶片开始，逐步向上部叶片发展。严重时，下部叶片萎蔫、枯死。

果实发病初期为暗褐色椭圆形斑，扩大后稍有凹陷，并出现黑霉和同心轮纹。青果病斑从花萼附近发生。发病较重的，果实开裂，病部较硬。

防治措施

防止密度过大，以利于行间通风透光。

及时摘除老叶、病叶，后期每亩追施5～8千克钾肥。

初见病斑时，用多菌灵、波尔多液对水喷雾。

3. 晚疫病

发病症状

晚疫病主要危害叶、茎和果实。叶片发病多始发叶尖和叶缘，病斑初为暗绿色水浸状，渐变暗褐色，病健交界处为浅绿色，潮湿时叶背病交界处产生白霉。茎秆病斑为边缘不清、稍凹陷的黑褐斑，潮湿时长有白霉。

果实病斑为不规则灰绿色油渍状硬斑块，边缘有少量白霉，迅速腐烂。

防治措施

农业防治：加强日常管理，合理密植，使株间通风透光良好，注意大棚内通风换气。

化学防治：出现中心病株后，立即喷药保护。可选25%甲霜灵可湿性粉剂800倍液，或64%杀毒矾可湿性粉剂500倍液，或25%百菌清颗粒剂800倍液喷雾，药剂应交替使用，每隔5～7天喷1次，连喷3～4次。浇水后每亩使用10%百菌清烟剂300克，或72%克抗灵可湿性粉剂600～800倍液喷雾，或50%百菌清粉尘1千克。

4. 病毒病

发病症状

花叶型：叶片有黄绿相间或深浅相间的斑驳，或略有皱缩现象。

巨芽型：顶部及叶腋长出的芽变大且畸形，病株不能结果。

条斑型：叶片发生褐色斑或云斑，或茎蔓上发生褐色斑块，变色部分仅处在表皮组织，不深入内部。

卷叶型：叶脉间黄化，叶片边缘向上方弯卷，小叶扭曲、畸形，植株萎缩或丛生。

黄顶型及坏死型：顶部叶片褪绿或黄化，叶片变小，叶面皱缩，边缘卷起，植株矮化，不定枝丛生。部分叶片或整株叶片黄化，发生黄褐色坏死斑，病斑呈不规则状，多从边缘坏死、干枯，病株果实呈淡灰绿色，有半透明状浅白色斑点透出。

防治措施

物理防治：①黄板诱杀蚜虫、烟粉虱，每亩设30～40个黄板，可减轻虫害传播病毒病。②设置防虫网隔离。在大棚放风口处放置高密度防虫网（40～60目）可有效减轻蚜虫、烟粉虱的飞入，预防病毒病发生。

化学防治：①杀虫防病。重点防治蚜虫、烟粉虱，可用10%吡虫啉可湿性粉剂1 500倍液或20%啶虫脒乳油2 000倍液或1.8%阿维菌素乳油1 500倍液喷雾防治；在烟粉虱若虫期，用25%噻嗪酮可湿性粉剂1 000～1 500倍液防治。②在发病初期，可用2%宁南霉素水剂500倍液，或20%病毒A可湿性粉剂500倍液喷雾，可有效抑制和减缓病毒病发生。

5. 炭疽病

发病症状

主要危害成熟果实。病部初生水渍状透明小斑点，扩大后呈黑色，略凹陷，具同心轮纹，其上密生黑色小点，并分泌淡红色黏性物质，后引致果腐或脱落。

防治措施

及时清除病残果，避免高温高湿条件出现，进入结果期开始喷洒甲基硫菌灵悬浮剂或炭疽福美对水喷雾。每隔7～10天喷1次，连喷2～3次。

6. 灰霉病

发病症状

幼果染病较重，柱头和花瓣先被侵染，后向果实转移。茎染病，产生水渍状小点，后迅速扩展成长椭圆形，潮湿时，表面长出灰褐色霉层，严重时可引起病部以上植株枯死。

果实染病，多从果柄处向果面扩展，果皮呈灰白色、软腐，病部长出大量灰绿色霉层，严重时果实脱落，失水后僵化。

叶片染病，多从叶尖开始，病斑呈“V”字形向内扩展，初呈水渍状，浅褐色，有不明显的深浅相间轮纹；潮湿时，病斑表面可产生灰霉，叶片枯死。

防治措施

发病初期，可喷洒50%多菌灵可湿性粉剂500倍液，或75%百菌清可湿性粉剂600倍液，或45%特克多悬浮剂3 000倍液，或70%代森锰锌可湿性粉剂500倍液，每隔7天左右喷1次，连喷3～4次。

大棚、温室栽培时，可用3%特克多烟雾剂熏烟，每100立方米50克，或用45%百菌清烟雾剂、10%速克灵烟雾剂，每亩250克熏烟。傍晚施药后，密闭棚室一夜。

7. 白粉虱

危害症状

以若虫、成虫吸食番茄叶片汁液导致叶片褪色、卷曲、萎缩，进而影响产量。

防治措施

白粉虱对黄色敏感，可在大棚、温室内设置黄板诱杀成虫，每亩地放置30～35块，置于行间可与植株高度相同；药剂防治可选用25%蚜虱统或25%蚜虱螨烟剂熏杀，或用12%科顺烟剂、30%白粉虱烟剂熏杀。

8. 蚜虫

危害症状

主要在叶片及嫩梢上刺吸汁液，使叶片变黄、皱缩、向下卷曲，同时还能传播多种病毒病，病害所造成的危害远大于蚜害本身。

防治措施

可用40%乐果乳油600倍液，或50%抗蚜威（50%辟蚜雾）可湿性粉剂2 000倍液，或2.5%敌杀死乳油3 000倍液，或20%速灭杀丁乳油2 000倍液，或高效大功臣（康福多）2 000～3 000倍液等进行防治。以上药剂每隔4～5天喷1次，连喷3次，叶背、叶面均匀喷药。

单元三
辣椒农场化生产专项技术

单元提示

1. 辣椒农场化生产关键环节精细管理方法。
2. 辣椒生理障碍及预防措施。
3. 辣椒常见病虫害识别及防治。

一、辣椒农场化生产管理技术

1. 辣椒优良品种推荐

适宜露地栽培的品种：墨秀 3 号、康大 602、中椒 106、豫园大椒、豫艺鲜椒 3 号、华线 308、富士红缨八号、天箭 F1、豫樱一号。

适宜大棚、温室栽培的品种：金福 807、墨秀 3 号、康大 602、福祺皇剑、墨秀大椒、豫园大椒、驻椒 18、豫艺鲜椒 2 号。

2. 辣椒苗移栽定植

辣椒农场化生产建议购买专业育苗厂的壮苗。

特别推荐

河南省农业科学院园艺所育苗厂

负责人　史宣杰研究员

联系人　朱长林

联系电话　13803840196 或 13703984436

有条件的农场可以自己育苗。

辣椒移栽时要选择大苗、壮苗，苗高 15 ~ 20 厘米，有 6 ~ 10 片叶，已经现蕾开花，根系发达、完整并带有老床土的苗子。地温稳定在 17 ~ 18℃时移栽比较适宜。过早易受冻害，不会生新根，缓苗慢，容易形成小老苗；过晚则影响产量。

移栽一般在晴天的傍晚或者阴天进行。整地（施足底肥，覆膜）→起苗（在起苗前将苗床提前浇好水，多带土，少伤根）→栽苗（栽直压实）→浇水（水要浇透）。

辣椒栽植密度一般地块3 000～4 000株/亩。

3．摘除门椒和对椒

辣椒增产的措施很多，其中秋茬及时摘除门椒和对椒就是一个好办法。

门椒就是辣椒第一朵花长成的果实，着生在辣椒第一分杈处。

对椒是辣椒第二批花结的果实，也就是在第一分杈后的下一个分杈处生长的辣椒。

秋茬门椒、对椒不要舍不得摘除，及时摘除门椒、对椒是舍一保二的增产措施。

小知识

大棚、温室辣椒授粉须知

辣椒种植一般不需要人工授粉，花粉可以通过风和昆虫传播。但大棚、温室内由于通风不良、昆虫少，容易出现畸形果。所以，在辣椒盛花期要注意创造适宜授粉的条件。

保持棚室内温度20～27℃，通风良好。有条件的农场可以用熊蜂授粉，以提高果实品质。

二、辣椒高效施肥技术

辣椒需肥量大，不耐贫瘠，但耐肥力又较差，对氮、磷、钾的要求严格，一般生产1 000千克辣椒约需氮肥5.19千克、磷肥1.07千克、钾肥6.46千克，同时还需要吸收钙、镁、铁、硼等多种微量元素。在栽培中，一次性施肥量不宜过多，一般追肥的基本原则是“控氮、稳磷、补钾配微”，具体如下：

1. 轻施苗肥

辣椒缓苗至开花前，施肥可促进定植苗健壮生长，为开花结果打好基础，此时追肥以复合肥为主。

2. 稳施初果肥

开花坐果期，施肥主要作用是促进辣椒植株分枝、开花、坐果。追肥以氮、磷、钾复合肥为主，一般每亩施5～10千克；每亩可增施1千克硼肥，提高坐果率；当田间有50%的植株现蕾，20%的植株开花时追肥，每亩施尿素3～8千克；当有50%的植株结果时，每亩追硫酸钾复合肥6千克左右，促进果实膨大；每次追肥后隔3～4天再浇水，切忌水量过大，浇水后及时中耕、除草、培土。

3. 重施盛果肥

辣椒结果盛期是整个生长期需肥量最大的时期。施肥以氮、磷、钾复合肥为主，每亩10～15千克；适量增加钾肥，每亩3千克左右；配合施用一定数量的微肥。一般情况下，每次追肥后要及时浇水，促进辣椒对养分的吸收，提高肥料利用率，同时也可增加田间湿度，有利于开花坐果。

4. 后期补肥

辣椒结果后期可采用根外追肥，可使用0.1%尿素，0.2%～0.3%磷酸二氢钾及其他微肥。

小知识

辣椒浇水技巧

定植前浇足底水，定植时浇定植水。在缓苗过程中，若土壤较干，可于上午在叶面喷水（可加0.2%磷酸二氢钾，以促使提早还苗）。春前定植缓苗后，高垄栽培的浇1～2次水即可，非高垄栽培的直到门椒膨大时才进行浇水。浇水时结合追肥，每亩施硫酸铵25千克、硫酸钾10千克。此后，根据生长情况决定浇水、追肥的次数和数量。

三、辣椒生理障碍及预防措施

（一）畸形果产生的原因及对策

原因

（1）受粉不完全　甜椒花粉萌发的适温是20～30℃，高于这一温度时，花粉的发芽率降低，容易产生畸形果。当温度低于13℃时，不能进行正常受粉，受粉不良，容易出现落花、落果、单性结实和畸形果。

（2）光照不良、肥水不足　果实得到的养分少或不均匀时，也容易出现畸形果。

①日灼果。如在高温、干旱和光线较强的条件下容易发生日灼果。在叶面积小、坐果多时也易出现日灼果。如果根系受到伤害，对水分和养分的吸收能力降低，即使叶面积较大，也容易出现日灼果。

②石果。保护地栽培的甜椒，在植株长势弱，氮、磷元素缺乏，光合作用弱的条件下容易产生短花柱花，短花柱花除了容易落花外，单性结实产生石果。另外种子少的果实，得到的同化养分小，也会形成石果。长花柱花的正常花，在温度过低时，花药不能开放，不能受粉，也会产生石果，所以夜间温度一定要保持在15℃以上，如果植株上出现石果较多，会使植株生长势变弱。

③短颈果、尖嘴果和钩头果。辣椒果实的膨大先是纵向伸长，然后再横向伸长，当根系发育不好或者受到伤害、土壤干旱缺水、土壤溶液浓度过大影响根系对水分的吸收时，就会形成短颈果；如果再加上夜温过低，就容易形成尖顶果或钩头果。

短颈果

钩头果

④淡色果。当膨大发育到一定程度的果实遭遇严重干旱时，果实就会失去光泽，在日晒下的果实会变成颜色很淡的无光泽果。这种情况在温室进入高温季节容易出现。

（3）除草剂　有些除草剂会对下茬蔬菜作物造成危害。如二氯喹啉酸除草剂对伞形科蔬菜和茄科蔬菜敏感，易造成畸形果。

对策

四项措施

- 保持适宜的温度、湿度，保证辣椒正常授粉发育。
- 科学施肥，促根壮秧。
- 定期喷用叶面肥，确保植株健壮。坐果后喷洒 0.1%磷酸二氢钾溶液。
- 采取合理措施，消除除草剂药害。

（二）其他生理障碍及预防措施

1. 辣椒日灼病

症状及原因

辣椒果实被强烈阳光照射后，出现白色圆形或近圆形小斑，经多日阳光晒烤后，果皮变薄，呈白色革质状，日灼斑不断扩大。日灼斑有时破裂，或因腐生病菌感染而长出黑色或粉色霉层，有时软化腐烂。

预防措施

合理密植、遮光防雨。防止植株受病虫害而早期落叶，以减少日灼果发生。

2. 生理性卷叶（缺铁、锰等微量元素）

症状及原因

土壤干旱、空气干燥。过量偏施氮肥，土壤中缺铁、缺锰等微量元素等原因会造成卷叶。卷叶形状多种，有叶边缘卷曲，有叶尖卷曲。

预防措施

适时均匀浇水，避免土壤过干过湿。保护地辣椒在高温时，要及时放风，空气干燥造成卷叶时可在田间喷水或浇水。发生缺素所致的卷叶，可对症喷施复合肥 1～2 次。

3. 落花、落果、落叶

症状及原因

辣椒在结果期出现落花、落果、落叶的现象称为“三落”，其对辣椒产量影响很大。产生“三落”的原因有很多，一般来说，辣椒中后期出现“三落”，主要原因是氮肥过多或过少引起辣椒徒长或生长不良，其次是密度过大、光照不足、高温雨涝、病虫害严重等。

预防措施

预防“三落”，必须全面提高栽培管理水平，不能单一抓某项措施。主要应做到以下几点：①培育壮苗，选用排水良好的沙壤土，切忌连作，实行轮作。②合理密植，加强肥水管理，使植株生长发育适中。③根据气温的高低采用不同浓度的防落素喷花，原则上温度高时药液浓度低些，温度低时药液浓度高些，一般浓度为 30～50 毫克/千克，每朵花只能喷一次，不宜重喷，宜在阴雨天或傍晚喷施。④防治病虫害。

四、辣椒病虫害防治关键技术

（一）苗期主要病害

辣椒苗期主要病害有猝倒病、灰霉病等。

猝倒病

灰霉病

（二）成株期主要病害

成株期病害
- 细菌性病害：疮痂病、软腐病
- 真菌病害：疫病、根腐病、炭疽病、病毒病、枯萎病、青枯病、灰霉病、白粉病
- 病毒病：烟草花叶病毒、黄瓜花叶病毒

1. 细菌性疮痂病

症状与发病规律

主要危害叶子、茎和果实，病斑呈水渍状小斑点，边缘暗绿色，中间淡有凹陷。流行时间：7～8 月，高温多雨季节严重。

防治措施

发病初期可用 72% 农用链霉素可溶性粉剂 4 000 倍液或 60% 百菌清可湿性粉剂 500 倍液喷施，每隔 7～10 天喷施 1 次，视病情可连喷 2～3 次。

2. 细菌性软腐病

症状与发病规律

辣椒果实被害后腐烂发臭，好像装了泥水。发病后期遇旱，果实呈白色干枯状。流行时间：7～9 月，高温多雨高湿时发生严重。

防治措施

生产中后期诱杀烟青虫、棉铃虫，喷施72%农用链霉素可溶性粉剂2 000倍液，或30%琥胶肥酸铜（DT杀菌剂）可湿性粉剂300倍液防治，交替使用，每隔7~10天1次，连用2~3次。

3．疫病

症状与发病规律

多雨高湿季节易流行。茎、叶、枝条和果实都可染病。发病时茎基部呈暗绿色水渍状，茎叶急速萎蔫死亡。潮湿时病部可见白色稀疏霉层。枝条发病，潮湿时皮层软化腐烂，枝条上部叶片凋萎、脱落，最后植株死亡。果实发病从蒂部开始，初呈水渍状软腐，迅速向果面、果柄发展，病果由淡褐色变为黑褐色，遇晴天果实变成黑色僵果，天气潮湿时可见到白色粉状霉层。

防治措施

定植前先用72%普力克水剂600倍液灌根；定植后，发病前用70%安泰生可湿性粉剂500倍液喷施叶面，预防侵染；发病初期，用68.75%银法利60～75毫升/亩，对水45升喷施，间隔7～10天，连续施药2～3次。

4. 根腐病

症状与发病规律

由于根部受害，病株枝叶萎蔫，起初早晚可以恢复，后来整株枯死。发病植株根部及茎基部出现褐色缢缩、腐烂，发病部与皮层易剥离露出暗色木质部。病菌通过雨水、灌溉水传播蔓延，土温17～20℃时易发生。多发生于定植不久的植株上。

防治措施

合理灌水，防止大水漫灌及雨后田间积水；重病地与非茄科植物进行2～3年的轮作。发病初期用45%施保克水乳剂1 500倍液或50%多菌灵可湿性粉剂500倍液喷施。

5. 炭疽病

症状与发病规律

主要危害果实及叶片。温暖多雨有利于病害流行。叶片受害后，初产生水浸状绿斑，渐变为褐色。病斑近圆形，中央灰白色，轮生黑色小点。果实受害后，病斑初期呈水浸状黄褐色斑，扩大后为长圆形或不规则形。病部凹陷，有隆起的同心轮纹，边缘红褐色，中央灰色轮生黑色小点，潮湿时有浅红色黏稠物。

防治措施

在发病初期，喷施70%甲基布托津可湿性粉剂600倍液，或75%百菌清可湿性粉剂600倍液，50%炭疽福美可湿性粉剂300~400倍液，每隔7~10天喷施1次。连喷2~3次。

6. 病毒病

症状与发病规律

一般有花叶、蕨叶、明脉、矮化、黄化、坏死、顶枯等症状。病毒病主要通过蚜虫传播。

防治措施

及时消灭蚜虫。发病初期可喷 20% 病毒 A 可湿性粉剂 500 倍液，或 20% 病毒灵可湿性粉剂 600 倍液。每隔 7～10 天喷施 1 次，连喷 3～4 次。

7. 枯萎病

症状与发病规律

常发生在结果期，主要危害根系及茎部。植株萎蔫、根系腐烂，最后植株枯死。连作地、土质黏重、偏酸土壤易患此病。氮肥施用过多，磷钾肥不足的田块易患此病。连阴雨或大雨后骤然放晴，气温回升过快，高温闷热天气易患此病。

防治措施

喷施 50% 多菌灵可湿性粉剂 500 倍液，或 45% 施保克水乳剂 2 000 倍液。

8. 青枯病

症状与发病规律

主要危害根和茎部。植株萎蔫，维管束变褐，横切有乳白色黏液溢出。多雨高温天气易加重病情。连作地、排水不畅、通风不良、土壤偏酸的田块发病较重。

防治措施

在发病初期开始用47%加瑞农可湿性粉剂800～1 000倍液灌根，每株用药液200克左右，每隔7～10天灌根1次，连续灌根1～2次；重病田视病情发展，必要时要增加灌根次数。

9. 灰霉病

症状与发病规律

主要危害叶、茎、枝条、花和果实。发病部位褐色、水浸状，着生有灰色霉层。遇低温高湿多发生，排水不良、偏施氮肥田块易发病。

防治措施

每亩用50%多菌灵可湿性粉剂1~1.5千克，拌细土撒施地面，然后深翻杀菌。发病初期喷50%多菌灵可湿性粉剂1 000倍液+50%异菌脲可湿性粉剂2 000倍液，每隔7~10天喷1次，连续喷2~3次。

温室大棚还可选用10%速克灵烟剂或45%百菌清烟剂每亩200~250克熏烟。

10. 白粉病

症状与发病规律

主要危害叶片。病初在叶片背面支脉间产生一块块白色粉霉状物，最后叶片发黄。

防治措施

喷施25%粉锈宁可湿性粉剂1 000倍液或43%好力克悬浮剂3 000倍液。

（三）主要虫害

1. 蚜虫

危害特点

主要危害辣椒叶背或嫩梢嫩叶，造成节间变短、弯曲，幼叶向下畸形卷缩，使植株矮小，造成减产。

防治措施

清洁棚室，清除菜田周围蚜虫的越冬寄主；使用银灰色薄膜覆盖，以避蚜；用国产50%抗蚜威或英国产50%辟蚜雾（成分为抗蚜威）可湿性粉剂

2 000～3 000 倍液防治效果较好。喷药时注意喷嘴要对准叶背将药液尽可能喷到蚜虫体上。

2. 温室白粉虱

危害特点

成、若虫群集在植株叶背吸食植物汁液，受害叶褪绿、变黄，萎蔫致死。

防治措施

洗衣粉稀释 600 倍液喷洒叶面、黄板诱杀均可。喷施 25% 扑虱灵可湿性粉剂 1 000～1 300 倍液，或 20% 吡虫啉可湿性粉剂 1 000～1 200 倍液。

单元四
茄子农场化生产专项技术

单元提示

1. 茄子农场化生产关键环节精细管理方法。
2. 预防茄子生理病害的措施。
3. 茄子常见病虫害识别及防治。

一、茄子适栽品种推荐

1. 卵圆茄子

金富早绿茄

极早熟品种，果实灯泡形，果色亮绿，果肉细嫩。单果重 1 千克左右，抗病性强，定植密度每亩2 500～3 000株。

天津快圆茄

早熟品种，株高50～60厘米，门茄多生于6～7节。果实圆球形稍扁，果实横径10厘米左右。果皮深紫色、有光泽，单果重约500克。耐寒。

驻茄9号

早熟品种，生育期171.5天，果皮紫色、果肉白色，株高平均86.6厘米。

早熟京茄1号

中早熟，果实扁圆形，果皮亮黑色，丰产、抗病，低温条件下易坐果，果实膨大快，畸形果少，适合保护地和露地早熟栽培。

绿鼎

早熟，果皮光滑亮绿，单果重800～1 500克，果肉细密，综合抗病能力强。适合早春大棚栽培。

绿状元

早熟，生长势强，综合抗病能力强，耐寒抗热。果实大灯泡形，单果重1 000克左右。果实膨大速度快，适合保护地早熟生产和露地夏秋栽培。

圆杂8号

中早熟，果皮有光泽，商品性好。适宜露地早春栽培和保护地栽培。

早熟京茄1号

中早熟，果实扁圆形，果皮亮黑色，商品性状好，植株长势强，株型直立，丰产，抗病，低温条件下易坐果。果实膨大速度快，畸形果少，适合保护地和露地早熟栽培。

京茄6号

早熟，丰产，抗病，较耐低温弱光。植株长势较强，果实扁圆形，果皮紫黑发亮，商品性状特佳。易坐果，低温下果实发育速度快，畸形果少，特别适合保护地和露地早熟栽培。

宝来

中晚熟，植株长势强，果实圆形，果皮紫红色，有光泽。

圆杂16号

中早熟，有光泽，品质佳，适宜露地春季栽培及日光温室和塑料大棚早春栽培。

2. 长茄子

布利塔

早熟，丰产性好，果实生长速度快，采收期长。果实长25～35厘米，果实横径6～8厘米，单果重400～450克。果皮紫黑色，质地光滑油亮，绿柄、绿萼。货架期长。适宜温室冬季种植和保护地早春种植。

贝美

早熟，果皮紫黑油亮，果长30厘米左右，果实横径4厘米左右，单果重180克左右，每亩定植密度1 100株。

大龙

紫色萼片品种，果长35～40厘米，果皮黑紫色且有光泽、极亮丽，条直不打弯，品质佳，商品性好。茎分枝旺盛，丰产强，高抗黄萎病。

京茄20号

果皮黑紫色且光滑油亮。果柄及萼片呈鲜绿色。果形棒状，果长25～30厘米，果实横径5～8厘米。适宜保护地长季节栽培。

华夏骄子

早熟，中粗顺直，适宜大棚早春与晚秋地膜覆盖栽培。果皮黑紫色，果长30～40厘米，果实横径5～7厘米，一般果重250克。

富锦

特早熟，果皮黑亮，绿肉，单果重150～200克。连续生长和坐果能力特强，耐低温，耐弱光。适合温室一大茬栽培和保护地早春栽培。

小黑龙

早熟，果皮黑亮，绿肉，单果重150～200克。坐果能力强，特耐高温，特别适合露地栽培。也可做保护地秋延迟和早春栽培。

新黑金

早熟，抗病，生长势旺，果实黑亮、光泽度好，商品性优，果长35～45厘米，果实横径5～6厘米，连续结果能力强，产量高，保护地、露地均可栽培。

京茄10号

中早熟，丰产，抗病，长茄。果实长棒形，果长35～45厘米，果实横径6～7厘米，单果重300克左右。果皮紫黑色，有光泽，果肉浅绿白色。长势强，单株结果多。

京茄11号

早熟，连续坐果能力强。果皮深紫色，光滑、光泽度佳。果实棒形，果长30～35厘米，果实横径7～8厘米，单果重250～350克。耐低温弱光，抗逆性强，适宜保护地和露地栽培。

京茄21号

易坐果，果实黑紫色，果皮光滑油亮，光泽度佳。果柄及萼片鲜绿色。果实棒形，果长25～35厘米，果实横径6～8厘米，单果重300～400克。耐低温弱光，抗逆性强，适宜保护地长季节栽培。

京茄30号

中早熟，丰产，抗病。长势强。果实长棒形，果长30～40厘米，果实横径8～10厘米。果皮亮紫红色，有光泽，商品性好。适宜保护地和露地栽培。

紫阳长茄

极早熟，果实亮黑色，紫萼，果长28~35厘米，果实横径5~6厘米，单果重250~350克。亩产5 000千克左右。耐湿、耐弱光，适宜保护地早熟栽培。

鲁蔬长茄1号

中早熟，果实紫黑色，紫萼，果实长圆柱形，果长30厘米，果实横径约6厘米，单果重260克。亩产5 000千克以上。适宜露地早熟栽培。

长杂8号

中早熟，果皮黑亮，肉质细嫩，籽少，果实耐老。适于春露地和保护地栽培。

春秋长茯

早熟，果皮黑紫色且有光泽，果形顺直美观，果长30~35厘米，果实横径约4厘米，单果重150~180克。

小知识

茄子品种选择

蔬菜农场选择种植什么品种的茄子，要根据各地消费习惯和目标市场需求来定，不同地区喜欢不同形状、不同果色的茄子，如北方多数地区喜欢圆茄，南方地区多数喜欢长茄，而北京、河北、山西等地喜欢圆形深紫色果皮茄子，中原地区喜欢圆形绿色茄子，南部地区多数喜欢长茄，四川、重庆地区喜欢紫黑色果皮茄子，云贵地区喜欢紫红色和浅紫色果皮茄子。

二、露地茄子栽培技术

1. 北方露地茄子栽培要点

（1）种子处理　浸种前晒种 1～2 天，后用 0.1% 高锰酸钾溶液浸泡 30 分，捞出淘洗干净。

用种子体积 5～6 倍的 50～55℃的温水浸种 10～15 分，不断搅拌，降至 30℃左右时浸泡 8～10 小时，捞出后用细沙搓去种子表面的黏液，把处理好的种子用湿布包好，放在 30℃左右条件下催芽。催芽期间每天用净水冲洗一遍，一般 5～7 天即可发芽。当有 70% 以上的种子露白时播种。

（2）播前准备　在大棚内育苗，配制好营养土后，准备育苗盘。

用60%的未种过茄科蔬菜的肥沃土壤和40%的有机肥混合均匀作为培养土，每亩再加入腐熟鸡粪10～15千克，草木灰5～18千克，磷酸二铵1千克，25%多菌灵可湿性粉剂50克。

（3）播种要求　白天温度保持在25～30℃，夜间16～20℃，地温20℃左右，一般5～6天可出齐苗，70%出苗后通风炼苗。

将准备好的营养土装入育苗盘中，浇透水后备用。

播种选晴天的上午进行，将出芽的种子均匀地播在盘穴内，每穴 1 粒种子。

撒种后，覆盖 1 厘米厚的营养土，用刮板将多余的营养土刮去。将育苗盘码放整齐，以便管理。

（4）苗期管理　齐苗后适当降低室温，白天 20～25℃，夜间 15℃，并且向苗床撒一次干营养土，防止带帽出土。两片子叶完全展开后再撒一次干营养土，每次厚度 0.3～0.5 厘米。

苗期喷矮壮素促进苗壮。

当幼苗长至二叶一心时进行分苗，并加强保温，白天28～30℃。夜间16～20℃。

当幼苗心叶开始生长时，白天温度控制在20～25℃，夜间13～15℃，适当的温度可防止徒长。

定植前10天左右进行炼苗，白天20℃左右，夜间12℃左右。

（5）夏秋茄子栽培　夏秋茄子定植在6月中旬至7月中旬，定植后因雨水较多，如果地块出现积水和内涝，就会出现沤根，并加重病害。因此，种植茄子一般要选择高燥、排水良好的地块，并起垄栽培。

垄距要和选用品种的株势及当时栽后生长期长短相适应，一般行距控制在60～100厘米，株距30～45厘米。

定植时，为了减轻秧苗打蔫，最好选在阴天或傍晚。如果是晴天定植，必须快栽苗、快浇水，并重施基肥。

（6）肥水管理　缓苗后至开花前一般不浇水，如干旱可浇一次小水。门茄"瞪眼"期再追肥浇水，结合浇水亩施尿素10～15千克、硫酸钾10千克。当茄子坐果后，每5～7天浇1次水，连浇2次，随水追一次肥，每次亩施尿素10～15千克。

2. 露地春茄子栽培要点

春茬茄子一般在当地日平均气温15℃左右时开始定植，北方多在4月下旬至5月下旬。

（1）育苗技巧　由于开始育苗正是"三九"寒天或早春，外界气温低、地温低，必须采用温室（加温或日光）、温床或阳畦等，在当地具有较好保温和增温性能的保护地设施里进行育苗。注意：要针对这茬茄子育苗中可能出现的问题，采取一些相应的措施加以克服。

防止僵苗

春茬育苗由于地、气温低，极易出现僵苗。僵苗的特征是茎细、叶小、根小且色暗、新叶很少。造成僵苗的原因：一是采用人工加温育苗或营养钵育苗时，苗本身耗水多，易缺水，没有及时补充水分；也可能是怕苗生病迟迟不敢浇水，床土过干时，很容易出现僵苗。二是茄子要求地温相对较高，如果地温较长时间低于15℃就可能造成锈根，从而造成僵苗。育苗设施保温能力差，或遇有连阴天时，必须采取其他措施提高地温加以防止。

二次移苗

二次移苗是为了经济利用苗床，根据天气变暖的规律改换育苗设施，扩大单株营养面积，防止因苗龄过长而造成苗拥挤。二次分苗第一次是在1片真叶时从育苗箱（盘）的较小空间移植到温床或阳畦里；第二次是在4～5片真叶时移植到营养钵或袋里。等到第一花蕾显露后，苗龄80～90天即可定植。

（2）整地定植

1）施肥整地　秋作物收获后抓紧在土地上冻前深翻30厘米，只翻不耙，经过一个冬季的冻、晒，可使土壤松散，有利于土壤的风化和养分的分解。春季解冻后要抓紧耙地，以利保墒。结合春耕施足底肥，定植前开沟集中施肥。

露地春茄子由于栽培时间、地下水位状况不同而采用不同的种植形式：早熟栽培的由于温度低、干旱，宜采用沟栽，这样既可加大活土层，又有利于浇水排水和防倒伏。有的在沟上面临时加盖地膜，形成改良式地面覆盖，则更有利于保温和保湿。

春茬晚熟栽培和地下水位浅的宜采用垄作或小高畦栽培。垄高一般20厘米左右，畦高一般10～15厘米，栽2行时，畦面宽60～65厘米，沟宽35～40厘米即可。畦面可用90～95厘米的地膜覆盖。

栽植的株行距要因品种的熟型而异，行距60～61厘米即可，早熟品种的株距30～40厘米，每亩实栽2 000～2 500株；晚熟品种株距40～45厘米，每亩实栽1 500～2 000株。起垄做畦时，可依据上述参数进行组合，但采取大小行种植会更适宜于茄子的分枝特性。

2）定植　露地春茄子早熟栽培应尽早定植。但茄子怕霜，定植过早常易遭受霜冻之害。适宜定植期一般是在当地日平均气温达到15℃左右，晚霜过后再进行。因此，豫北定植多在4月中旬到5月上中旬，豫南多在3月下旬至4月上旬。春茬晚熟栽培则要根据早春蔬菜的腾茬时间，力争晚中求早，争取在炎夏高温季节到来之前发好棵。

（3）定植后的管理

1）追肥浇水　茄子需肥水多，但结果前是以长茎叶为主，应适当控制追肥浇水，一般在缓苗之后结合浇缓苗水冲入冲施肥，而后以中耕蹲苗为主，防止徒长损秧，直到门茄"瞪眼"期结束蹲苗。门茄"瞪眼"后进入结果期，植株体内的养分急剧地向果实内运转，茎叶的生长必然处于劣势，此时只有加强肥水管理，才能使结果和长茎叶得以均衡发展。这次追肥可每亩施入磷酸二铵20～30千克，对茄到四门斗茄相继坐果、膨大期正是茄子需肥需水的高峰期。为满足需要，要在对茄长有鸡蛋大小时进行1次追肥，一般每亩施尿素25～30千克，结合追肥看天浇水；四门斗茄膨大期再追1次肥。结果后期除适当追肥以外，还应叶面喷肥，以弥补根部吸肥能力下降的不足。

茄子整个生长过程中追肥浇水要注意两个问题，一是结果后追肥要以氮、钾肥为主，避免施磷肥过多引起果实变硬；二是浇水要避免大水漫灌和田间积水，浇完水后要敞开浇水口，以防遇雨能随时排水，遇有积水务必及时排除。

2）中耕松土　俗话说"茄子靠耪，黄瓜靠绑"，说明中耕松土对茄子的丰产有着重要意义。露地春茄子定植后温度低，发根慢，在浇过缓苗水后如遇有降雨时一定要抓紧中耕松土，保持土壤表面疏松，以利提高地温和保墒。10天后第二次中耕，以促进根系向深层发展。到门茄"瞪眼"，对茄开花时结束蹲苗，结合追肥浇水再一次中耕。门茄坐住后要浅锄培土。枝叶封垄后就不再中耕了。

3）植株调整　茄子开花后，门茄以下的叶腋间会萌发出侧枝，生产上一般除留门茄下一对强壮的侧枝外，其余全部摘除。到生长中后期对门茄以下衰老枯黄的叶片全部打掉，既节省养分，又有利于通风透光。

在露地生产上，除了上述抹芽打叶措施外，一般不进行特别整枝，而是任其自然分枝。但出于某种特殊的需要，也可进行整枝，如为了早熟能提前收获，可在对茄以上掐尖，这样 1 株只留 1 个门茄和 2 个对茄共 3 个茄子。也有的在四门斗茄以上摘心，每株留 6 ~ 7 个茄子。这样，养分集中，果实生长快，有利于早收。密植早熟栽培的可单秆整枝，即门茄坐住后，把门茄旁边的 1 个侧枝也去掉，形成一根独枝条向上生长。单秆整枝必须增加密度，以利用增加门茄数来提高早期产量。但门茄以下的侧枝也不能过早抹去，以免影响根系发展，而且一旦门茄坐不住会影响产量。

4）防止落花落果　春露地茄子生长期间有两个不利时期，一是前期低温干旱，不能满足开花结果的要求，会造成落花落果；二是进入“三伏”高温多雨时，环境条件对茄子生长不利，生长势减弱且病虫害严重，还会造成落花落果。防止落花落果要从两个方面着手，一是加强农业措施，及时防治病虫害，尽量创造有利于茄子生长的环境条件；二是应用激素进行处理，可用 2,4 - D 30 ~ 40 毫克/升，开花时涂抹或蘸花，但不要把药液滴到生长点上，以防产生药害。最好使用番茄灵 40 ~ 50 毫克/升蘸花或喷花。激素不仅能促花保果，而且有促进果实膨大的作用。使用激素的浓度必须依据当时的温度来灵活掌握，温度低时浓度高些，温度高时浓度低些。生产上一些茄子生产农场出现问题，与不注意温度调控及使用激素的浓度不当有关。

3. 整枝摘叶技术

（1）整枝　茄子采取“自然开心整枝法”较好，即每层分枝保留对杈的斜向生长或水平生长的两个对称枝条，对其余枝条尤其是垂直向上的枝条一律摘除。

建议采取单秆整枝。整枝时期是在门茄“瞪眼”、坐住后，将门茄下面侧枝和腋芽全部打掉。若门茄未坐住，要相应保留门茄下第一侧枝坐果。保证每株留 3 个茄子，在果实上部留 2 ~ 3 片叶摘心。

在对茄和四门斗茄坐住后再将其下部的腋芽全部摘除，以便营养集中供给，满足果实发育的需要。

（2）摘叶　茄子适度摘叶能减少落花和果实腐烂，促进果实着色。一般只摘除衰老的枯黄叶或光合作用弱的叶片。

摘叶的方法：当对茄果径 3～4 厘米时，摘除门茄下部的老叶；当斗茄果径 3～4 厘米时，再摘除对茄下部的老叶，以后一般不再摘叶。

摘叶原则

只摘下部黄边叶，保留中上部叶；

摘去病虫危害叶，保留生长正常叶；

摘去枯黄烂叶，保留健壮绿叶。

摘叶注意事项

一是看品种摘叶。对分枝能力强、枝叶繁茂的品种，可多摘叶；对分枝能力差、枝叶稀少的品种，应少摘叶。

二是看苗势摘叶。对密度过大、生长繁茂的植株，可多摘叶，以保持叶片稀疏均匀，利于通风透光；对密度小、生长正常或偏弱、通风透光良好的植株，可少摘叶或不摘叶。

摘叶千万不能过量，因果实产量与叶面积的多少有密切的关系。尤其不能把功能叶摘去，否则将会造成植株营养不良而早衰。

三、茄子常见生理障碍及预防措施

1. 嫩叶黄化

症状及原因

幼叶呈鲜黄白色，叶尖残留绿色，中下部叶片上出现铁锈色条斑；多肥高湿、土壤偏酸或锰元素过剩，会抑制铁元素的吸收，易导致新叶黄化。

预防措施

喷施含铁元素的微肥，如诺尔斯；补充钾元素能平衡营养，满足或促进铁元素的供应。

2. 花蕾不开放或子房不膨大

症状及原因

花蕾紧缩不开放，影响授粉而成僵果。在寒冷季节，田间缺水，空气湿润，土壤 pH 值 7.5 以上，土壤中硼的有效性降低；田间有过量的石灰钙，诱发植株缺硼，均可造成花蕾长期不开放。

预防措施

叶面喷硼砂 700 倍液。

3. 果实僵化

症状及原因

果实僵硬而不膨大，海绵组织紧密，灰色无光泽，有花白条纹，浇水后成裂果，长不大，品质差。茄皮木栓后遇晴天浇水会裂果。

果实膨大时，遇低温弱光和高温强光，果实对氮、钾、硼吸收量增加，磷相对需求量较少。如磷投入量过大，影响钾、硼的吸收，会使果实籽多肉少而僵化。

预防措施

磷肥注意施在定植时的幼苗根下，后期每次每亩施纯磷 2～3 千克，结果期主要施入钾肥。

4. 落叶掉果

症状及原因

低温期茄子植株下部叶黄化脱落，高湿期幼果软化自落。温度过低，氮肥和磷肥施入过量而使土壤中氮、磷浓度大，植株均会因长期营养不平衡而老化，这是缺锌引起的植株赤霉素合成量降低的后遗症。叶柄与茎秆、果柄与果实连接处因缺乏生长素形成离层后脱落。

预防措施

叶面喷施硫酸锌 700 倍液，也可叶面喷施含锌多的营养元素，防落促长。

5. 裂果

症状及原因

裂果有萼裂和果裂两种，常见的是果裂。果裂多从果实顶部纵裂。灌水不均、前期过度干旱、后期大量浇水或降雨过多是导致裂果的主因。

预防措施

均衡灌水，在茄子生长期保持土壤湿润，防止土壤过干过湿。

6. 日灼果

症状及原因

果实向阳面出现白色或浅褐色斑，组织坏死、干后革质状。栽植过稀，整枝、摘心、摘叶过重，棚膜水滴在果实上，经阳光照射后吸热而灼伤。

预防措施

为了避免植株生长到高温季节仍不至于封行，应合理密植。适时、适度整枝、摘心、摘叶，避免阳光直射果实。合理施肥、灌水，保持田间湿润而不积水，防止土壤干旱。大棚温度高时，及时通风、适量浇水，使果面及棚内温度下降，同时避免棚膜上水分过多。

7. 果实着色不良

症状及原因

紫色茄子的颜色为淡紫色或红紫色，有的呈绿色或白色时，商品价值降低。形成原因：一是气候条件，紫色茄子坐果后遇阴天光照不足，使果实着色不良。二是枝叶的遮挡，果实被枝叶遮挡，隐蔽在植株下面，只能得到散射光，整个或半个果实着色不好，果实颜色浅淡。三是使用聚氯乙烯薄膜覆盖，阻止了紫外线通过，影响果实着色。

预防措施

在生产上合理密植、合理剪枝，中下部的老叶病叶要及时去除。注意：覆盖薄膜要尽量选用聚乙烯薄膜。

8. 双子茄

症状及原因

茄子双子果又叫双子茄。茄子果实是细胞分裂和膨大发育而成的，双子茄是由于养分过剩形成的双子房畸形果。

花期遇低温或生长调节剂使用浓度过大，也易形成双子茄。

预防措施

要求白天温度控制在25～30℃，上半夜18～24℃，下半夜15～18℃，要保持一定的昼夜温差，严防夜间温度长期低于15℃或高于35℃。

四、茄子病虫害防治

（一）病害

1. 立枯病

症状与发病规律

立枯病多发生在育苗的中后期，幼苗感病后，茎基部出现椭圆形褐色病斑，以后变细缢缩，茎叶萎蔫枯死。地上部白天萎蔫，晚上恢复，反复几次后才枯萎。病部有轮纹或褐色霉状物。大苗或成株受害时，茎基部呈溃疡状，地上部变黄、萎蔫，以致枯死。

立枯病的病菌在土壤病残体或腐殖质上越冬，借雨水、流水、土壤、肥料传播。病菌发育的适宜温度为17～18℃，高湿有利于发病。苗床温暖多湿、通风不良、幼苗徒长均易发病。

防治措施

与猝倒病防治方法相近，重点是加强苗床管理，并结合药剂防治。

用五代合剂进行土壤消毒，既可防治立枯病，又可防治猝倒病，方法同猝倒病。

喷施75%百菌清可湿性粉剂600倍液，或64%杀毒矾可湿性粉剂500倍液，或70%代森锰锌可湿性粉剂500倍液，苗期每隔7～10天喷1次，连喷 2～3 次。

2. 猝倒病

症状与发病规律

猝倒病又叫卡脖子，主要在苗期发病。种子发芽后及出土前均可发病。出土前发病即烂种或烂芽。出土后至 2 片真叶以前，主要发生在茎基部。病苗近地面的茎基部呈水渍状斑点，随即变黄缢缩成线状，子叶没有萎蔫时，幼苗便折倒在地面上，即便在秧苗折倒时，叶片仍为鲜绿色，故称猝倒病。环境潮湿时，在病苗及附近土面上长出一层明显的白色绵状菌丝。

病菌随病株残体在土壤中越冬，或在腐殖质中腐生。病菌可在土壤中存活 2～3 年，有机质含量多的土壤中病菌较多。病菌靠雨水或土壤中水分的流动传播。气温 15～20℃时繁殖较快。因此，在春季或冬季育苗时，遇到阴雨或下雪天气，或温室的保温性差、通风不良、浇水过多时，往往苗床温度低、湿度大，猝倒病严重。

防治措施

选用抗病品种：根据当地消费习惯及温度条件，选用耐低温或早熟品种，如济南小长茄、94－1 早长茄耐低温品种、辽茄 1 号、辽茄 4 号耐寒品种等。

土壤消毒：播种前 2～3 周，每平方米苗床用甲基托布津 5 克和 50 倍细土拌匀，撒在苗床内。每平方米用 65% 的代森锌和 40% 的五氯硝基苯原粉等量混合 7～8 克＋15 千克细土拌匀制成药土，播种前先浇透底水，待水渗下后，取 1/3 药土撒在床面，再把余下的 2/3 药土覆盖在种子上，厚约 1 厘米，使种子夹在药土中间。

农业防治：苗床要选地势高燥、排水良好的肥沃地块。在温室内应选多年未种过茄果类蔬菜的园土做床土。播种前加强育苗场所的通风散湿，床土要充分暴晒。出苗后尽量少浇水，以提高地温，并及时通风透光。用无滴膜盖棚室，改善光照条件，以利于光合作用，提高幼苗抗病性。也可喷绿风95植物生长调节剂800倍液，以增强幼苗抗性。

药剂防治：幼苗发病后用75%百菌清可湿性粉剂600倍液，64%杀毒矾M8可湿性粉剂500倍液喷洒叶面。发病时用800～1 000倍液的高锰酸钾溶液灌根，然后清洗叶面。

3. 褐纹病（又叫干腐病）

症状与发病规律

幼苗受害，多在近地面的茎基部形成近似梭形水渍状病斑，以后变为暗褐色，凹陷并收缩。条件适宜时，病斑扩展环绕茎部，幼苗猝倒。叶片受害时，先从底部叶发病，逐渐向上部发展，叶片上开始产生水渍状褐色斑，中间呈灰白或浅褐色，中央轮生许多小黑点；干燥时病斑易开裂，阴雨天易形成穿孔。茎部受害时，病斑为不确定形，有时为水渍状梭形病斑，边缘深褐色，中间灰白色，上生许多小黑点，病斑逐渐凹陷干腐，并连接成较长的坏死区。果实受害最严重，病初在果面上产生黄褐色病斑，稍凹陷，圆形或椭圆形，扩展很快，果实呈半软腐状，后期轮生许多小黑点，最后病果腐烂脱落或在枝上干缩成僵果。

褐纹病的病菌在土表的植株病残体上越冬，也可以在种子上越冬。种子带菌是幼苗发生猝倒病、立枯病的主要原因，也是远距离传播病菌的途径。

田间主要靠雨水、昆虫、田间作业传播蔓延。发病适宜温度为 28 ~ 30℃，相对湿度 85% 以上。华北地区 7 ~ 8 月高温多雨或高温高湿时，发病严重。栽培密度过大时也易引起发病。另外，连作、排水不良、土质黏重、氮肥过多及早春茄子定植过晚，发病也重。

防治措施

种子处理：可用 40% 福尔马林 100 倍液浸种 15 分，取出后用清水洗净即可备用。

农业防治：与其他科蔬菜实行轮作 2 ~ 3 年。进行苗床消毒，五代合剂每平方米 8 ~ 10 克，或 50% 多菌灵可湿性粉剂 10 克，加细土 20 克拌匀，播前 1/3 药土撒在畦面上，播后用 2/3 药土覆盖。氮、磷、钾肥要配合使用，施足基肥，发现病株、病叶、病果要及时清除。

药剂防治：发病初期用 75% 百菌清可湿性粉剂 600 倍液，50% 甲基托布津可湿性粉剂 1 000 倍液，65% 代森锌可湿性粉剂 500 倍液，70% 代森锰锌可湿性粉剂 500 倍液。每隔7 ~ 10 天喷 1 次，连喷 2 ~ 3 次。

4. 绵疫病

症状与发病规律

茄子绵疫病又叫“烂茄子”等。主要危害茄子果实、茎和叶，花器也能受害。果实上最初发生水渍状圆形或椭圆形褐色小斑，迅速扩大并凹陷，常全果腐烂，潮湿时生白色稀松绵霉，内部果肉变黑腐烂，易与花萼脱离。嫩枝上产生水浸状暗褐色斑点，缢缩并凋萎枯死，幼苗感病则发生猝倒症状。

病菌主要在土壤中的植株病残体上越冬，第二年可直接侵染幼苗的茎或根，或经雨水喷溅到近地面的果实上引起果实发病。病斑上的孢子囊经风雨、浇水进行再侵染。一般 7～8 月，阴雨连绵、天气闷热、低洼窝风、排水不良、生长衰弱时发病重。

防治措施

选用抗病品种：如北京九叶茄、北京六叶茄、天津大茛、辽茄 3 号、丰研 1 号、济南早小长茄等。

农业防治：切忌与茄科作物连作。选择地势高燥，排水良好的沙质壤土，高畦或小高垄定植或宽垄密植，施足底肥；及时摘除病老叶并集中处理，不能用来沤肥；雨后及时采收并及时清理病果。

药剂防治：发病前或雨季来临前喷药预防 1 次，发病后，摘除病果病叶，7 天左右喷药 1 次，连续喷 2～3 次。药剂有 1∶1∶160 的波尔多液，50% 甲基托布津可湿性粉剂 1 000 倍液，50% 克菌丹可湿性粉剂 500 倍液。发病高峰时喷 72% 杜邦克露可湿性粉剂 800～1 000 倍液，或 58% 甲霜灵锰锌可湿性粉剂 500 倍液，64% 杀毒矾可湿性粉剂 500 倍液。

（二）虫害

1. 红蜘蛛

症状与发生规律

红蜘蛛常聚集在叶片背面，用刺吸式口器刺吸汁液，受害叶片开始为白色小斑点，后褪绿变为黄白色，严重时全株叶片干枯发红似火烧，叶片脱落。果实受害时，果皮变粗，影响品质。

一年发生 10～20 代，成虫潜伏在杂草、土缝处越冬。翌年春季，先在杂草或越冬场所繁殖，再转移到茄子或其他蔬菜上侵害。开始侵害下部老叶，再向上蔓延。华北地区在5月底至7月初侵害重。高温干旱容易大量发生。

防治措施

清洁田园：将茄子地块周围的杂草、枯枝、落叶清理干净，茄子拉秧后，将残枝落叶清理干净，以减少虫源。

药剂防治：在发生初期用20%三氯杀螨醇乳油1 000倍液，25%灭螨锰可湿性粉剂1 000～1 500倍液，40%环丙杀螨醇可湿性粉剂1 500～2 000倍液或78%克螨特乳油2 000倍液，7天喷1次，连喷2～3次，重点喷叶背，可交替用药。

2. 美洲斑潜蝇

症状与发生规律

成虫和幼虫均可危害，以幼虫危害叶片为主。成虫刺吸汁液，幼虫潜入叶片，产生不规则蛇形白色虫道，叶面布满虫道，影响光合作用，严重时叶片脱落。

美洲斑潜蝇繁殖快，世代间隔短，一般夏季15～30天繁殖1代，冬季40～60天繁殖1代。在保护地可周年发生。幼虫在叶片内生活4～7天成老龄幼虫，老龄幼虫咬破表皮后在叶外或土表化蛹。

防治措施

农业防治：与其他科蔬菜轮作、套作、间作。及时清除受害的老叶、枯黄叶，集中销毁。发生初期集中消灭。在田间发现少数叶片受害时，用灭蝇纸诱杀成虫，因成虫具有趋黄性，可用黄板诱杀。

药剂防治：可用1.8%爱福丁乳油3 000～4 000倍液，或90%万灵可湿性粉剂2 500～3 000倍液，或98%巴丹原粉1 500～2 000倍液，或50%的蝇蛆净粉剂2 000倍液喷雾。每隔7～10天喷1次，连喷2～3次。注意交替用药。防治成虫宜在早晨或傍晚喷药，防治幼虫宜在低龄期，即多数被害虫道长度在2厘米以下时进行。保护地可用敌敌畏熏蒸。

单元五
白菜农场化生产专项技术

单元提示

1. 大白菜农场化生产育苗及苗期管理。
2. 不同茬口大白菜关键环节精细管理方法。
3. 大白菜常见病虫害识别及防治。

一、大白菜农场化生产技术

1. 大白菜适栽推荐品种

大白菜品种
- 早熟品种——小杂56、鲁白6号、早熟5号、牛早秋1号
- 中晚熟品种——北京新三号、绿宝、中白4号、优抗3号

2. 春播大白菜栽培技术

春播大白菜在苗床及露地生长过程中最低温度不宜低于13℃，低温时间越长越易引起春化，继而抽薹、开花，丧失商品价值。春白菜的适宜播种期因育苗、栽培方式不同而不同。播种时间选择寒尾暖头为宜，以利白菜早出苗。育苗及栽培过程中，根据温度变化适当加减覆盖物，同时注意棚内最高温度不能高于25℃。选择耐低温抗抽薹的阳春、春白一号、郑早98－8、郑研早抗王、韩国黄心春福等。

（1）大棚栽培　大棚内套小拱棚育苗时间为2月中下旬。育苗畦宽1.5米，采用营养土方、营养钵（直径8厘米）育苗，每穴播种2～3粒种。种子如果浸种2小时后催芽1天再播种，出苗会更快。苗龄25天左右、5～7片真叶时定植于大棚内。垄栽，垄上覆盖地膜。生长中后期大棚内应注意通风。蔬菜农场大棚栽培大白菜，因播期早，可提早上市。

（2）小拱棚育苗露地地膜栽培　3 月上中旬采用营养钵育苗。播种前育苗畦浇透水。点播，播后覆 1 厘米厚细土，加盖棚架后覆盖薄膜，夜间加盖草帘。中后期逐步拆开薄膜通风，进行炼苗，以利培育壮苗。育苗期间要间苗 1～2 次。4 月上旬定植，定植后浇 1 次缓苗水。

（3）露地地膜直播　整地时施足基肥，按规定的行、株距起垄播种。播后覆盖地膜浇足水。出苗后破膜掏苗，苗穴周围封土。及时间苗、定苗。

（4）合理密植　一般春季种植密度大于秋季，单行定植株、行距为 40 厘米 ×50 厘米。每亩种植 3 300 株。

（5）肥水管理　春大白菜生长前期温度低，后期温度高，与秋季种植最佳包球条件正好相反，在肥水管理上应特别注意。基肥多施有机肥，每亩撒施4 000千克，做垄时条施磷酸二铵50千克。追肥以尿素、高氮冲施肥等速效性肥料为主，结合浇水进行冲施，一般追肥1～2次，每次每亩施尿素15～20千克。中后期加强肥水管理。促进营养生长，有利于包球。

（6）及时采收　叶球紧实后及时采收，上市销售。采收期为4月下旬至6月上旬，一般亩产净菜4 000千克左右。

小知识

大白菜施肥要点

施足有机肥。一般每亩施有机肥3 000～5 000千克，老菜地可少施，新菜地要多施。

巧施提苗肥。每亩施尿素5～6千克，施肥时小苗弱苗要偏施。

合理追肥。抓住菜苗团棵开始进入莲座期和开始包心前的两个时期追肥，这两个时期大白菜正处于快速生长期，要增加追肥量，以氮肥为主，与磷钾肥配施，另可喷施1%磷酸二氢钾溶液2～3次，可提高净菜率。

重施钾肥。钾能增强大白菜的抗病能力和耐贮性，每亩施氯化钾15千克或硫酸钾20千克。

3. 冬贮大白菜栽培技术要点

茬口安排

为防止病害传播，应避开前茬为十字花科的某些作物，如甘蓝、花椰菜等。同时，前茬作物还应能及时腾地，如有充裕的时间，整地，施肥，翻耕后最好能暴晒和休闲几天。前茬最好为施肥量多的或葱蒜类的作物。

后茬

一般大白菜收获后，当年不再种植，进行冬耕晒垡。

确定适宜播种期

北方地区秋播大白菜的播种期最早不宜早于 8 月初，最迟不能晚于 8 月中旬。8 月 4 ~ 7 日是最适宜的播种期。

翻地

一是大白菜的根系主要分布在浅土层中，适当深耕可以促进根系向深层延伸。由于整地时间多在雨季，因此深耕宜安排在前一年秋作物收获后深翻 30 厘米，结合秋耕，施足有机肥，以提高土壤肥力。

二是冬前未能深耕的，春季栽培生长期短的蔬菜，如矮生菜豆、荷兰豆、西葫芦、大蒜等，再种大白菜，这样可以有较长时间进行耕耙，并使土壤在夏季经过较长时间的暴晒风化和消灭土中病菌。

三是前茬作物收获晚的，收获后要及时清理菜地，并只宜浅耕。要求耕出一块，及时平整一块。防止雨后积水，延误播期，及诱发软腐病及黑腐病（低洼地）。地势高的地块易诱发病毒病。平整好地块后，及时做好田间的灌水沟和排水沟。

施肥

结合整地进行，要施足有机肥 5 000 千克/亩，加 25 ~ 30 千克/亩的过磷酸钙（分解缓慢而肥效持久，宜在施用有机肥时一并集中施用）。其中 60% 的有机肥均匀撒在田里，耕地时翻入深土层中。耕地前再把 40% 的有机肥撒在田间，耙入浅土层中，然后做畦。

起垄

宜采用高垄直播方式种植冬贮大白菜，使用平畦的较少（沙质土）。

在平整的地面上起高垄，垄高 10 ~ 13 厘米，垄背宽 25 厘米，垄间距一般采用 66 厘米。高垄或平畦以 8 ~ 10 米长为宜。不宜过长，做到能排能灌。

小知识

莲座期叶面施肥措施

喷施三十烷醇。每亩喷施浓度为1～0.5毫克/千克的三十烷醇溶液50千克，能使叶片增大，增加叶绿素含量，使叶片肥厚，结球期提早，结球大，包心实。

喷施稀土微肥。在白菜定苗后，每次每亩用浓度为0.05%稀土溶液50千克喷施，每隔10天喷1次，连喷3次，增产效果明显。

喷施米醋。从大白菜定苗到包心，每次每亩喷施浓度为1%的米醋水溶液50千克，每隔10天喷1次，连喷4～5次。喷施米醋以后能增强叶片的光合作用，加速叶面的生长，可提高产量。此外，还对软腐病有较好的防治效果。

二、春季娃娃菜栽培技术

1. 娃娃菜推荐品种

娃娃菜品种

- 席珍杂交一代
- 夏玲
- 夏秀
- 大阪金铃
- 贝蒂
- 英皇

2. 娃娃菜栽培技术要点

娃娃菜一般通过育苗定植 45～50 天即可收获。适期采收的娃娃菜叶球纵长 15 厘米，横径约 5 厘米，上下等粗，单球重 200～300 克。

春播娃娃菜不宜过早，一般气温回升到 13℃以上时播种。露地直播一般在 3 月底至 4 月初进行，播后加盖小拱棚保温。

（1）整地播种步骤

第一步：耙地、开沟、灌水。

第二步：划沟、撒播、搂平。

露地或大棚均可采用窄垄双行种植，垄宽 50 厘米，垄上播种 2 行，株距 20 厘米，每亩定植 1 000 ~ 1 200 株。

生产上多采用条播或穴播方式。一般每亩用种量 100 ~ 150 克。

播后覆土。

第三步：扣棚、撤膜。

露地采用小拱棚栽培时，随着气温回升，需逐步加大通风量，待最低气温13℃以上时撤去薄膜。

撤膜后及时中耕除草，提高地温，促进根系发育。

第四步：后期管理三要点。

（1）排水和灌溉　娃娃菜不宜大水大肥。春季雨水多，大雨后排水沟不能积水。干旱时，一定要浇灌，保持土壤湿润，才能保证娃娃菜的正常生长和结球。浇水可以结合施肥。

（2）追肥　直播定苗或育苗移栽后生长期仅 40～50 天，管理上应一促到底。一般施足底肥后可追施 1 次肥料，在定苗后 25 天左右或即将封行时每亩追施复合肥 20～30 千克，结球期每亩随水施尿素 10 千克。

（3）除草中耕　春季雨后杂草较多，一定要及时中耕除草。后期植株封行后，可手工拔除杂草。

三、白菜病虫害防治

1. 病毒病

症状与发病规律

多发生在幼苗期，特别是在幼苗 6～7 叶前，连续高温、干旱、蚜虫多的条件下发病重、传播快。发病时叶片表面出现明脉、花叶、皱缩、扭曲、坏死斑、条斑、矮化、畸形。

防治措施

①选抗病品种，早熟品种如津秋65、津秋606，中晚熟品种如秋绿75、秋玉78、津青75等。

②重施磷、钾肥和有机肥，增加抗性。

③适时播种，使幼苗避开高温，苗期多浇水或遮阳降温。

④及早灭蚜（见蚜虫防治）。

⑤发病时用20%病毒A可湿性粉剂500倍液或1.5%植病灵乳剂1 000倍液，每隔7～10天喷1次，连喷2～3次。

2. 霜霉病

症状与发病规律

多发生在发棵期和包心期，气温忽冷忽热、阴雨连绵时发病重，主要危害叶片，开始叶片边缘产生不清晰水浸状褪绿斑，随病情发展叶脉附近出现多角形黄褐色病斑。

防治措施

①用种子重量0.3%～0.4%的百菌清或甲霜灵按说明书要求拌种。

②合理轮作，增施磷、钾肥和有机肥，高垄直播。

③发病时用25%瑞毒霉可湿性粉剂800～1 000倍液或64%杀毒矾可湿性粉剂500倍液或70%代森锰锌可湿性粉剂400～500倍液交替喷施，每周

1 次。

3. 软腐病

症状与发病规律

多发生在中后期，雨水多、气温低发病重。一般基部先发病，出现水渍状微黄色病斑，开始症状不明显，之后白天植株萎蔫下垂，早晚恢复。几天后病株外叶平贴地面，或失水变干后呈薄纸状紧贴叶球，球外露。严重时叶柄基部或根茎处溃烂，流出黏液，散发出恶臭气味。病菌从伤口或自然孔口侵入。

防治措施

①及时消灭虫害，防其咬伤植株，进行中耕等操作时避免伤害植株，避免病菌从伤口侵入。

②控制田间湿度，雨后及时排水、中耕降湿。

③及时拔除病株，并用生石灰消毒。

④药剂防治可用 72% 农用链霉素、新植霉素或氯霉素 100 ~ 200 毫克/升，每亩对水 60 千克喷防。

4. 炭疽病

症状与发病规律

高温、高湿型病害，早播、种植、地势低洼、通风透光差的田块，大白菜发病重。

防治措施

①种子处理。用种子重量0.4%的50%多菌灵可湿性粉剂拌种，也可在播前用50℃温水浸种10分。

②农业措施。与非十字花科蔬菜隔年轮作；种植抗病品种；注意清洁田园；发病较重的地区应适期晚播，避开高温多雨季节，控制莲座期的水肥；选择地势较高，排水良好的地块栽种；增施磷、钾肥，收获后及时深翻土地，加速病残体的腐烂。

③药剂防治。发病初期喷药，常用药剂有25%炭特灵可湿性粉剂500倍液，30%绿叶丹可湿性粉剂500倍液，70%甲基布托津可湿性粉剂1 000倍液，75%百菌清可湿性粉剂1 000倍液，80%炭疽福美可湿性粉剂800倍液。每隔7～10天防治1次，连续防治2～3次。

5. 干烧心病

症状与发病规律

白菜莲座期开始发生，幼嫩叶片表现干边，到结球期症状明显，叶片上部逐渐变干、黄化，叶肉呈干纸状，叶脉黄褐至暗黑色，发病部位主要在叶球中部。

该病属生理性病害，主要因缺少钙、锰营养元素引起。

防治措施

在农业生产中注意适当轮作、合理密植、平衡施肥、追施多元素复合肥、防治田间积水。

6. 蚜虫

清理田间及四周杂草，可用50%抗蚜威可湿性粉剂2 000～3 000倍液或10%吡虫啉可湿性粉剂1 000倍液喷防。注意往叶背面喷药。

7. 其他虫害

其他虫害有蝗虫、小菜蛾、菜青虫等。防治方法以农业防治和生物农药防治为主。

蝗虫

菜青虫

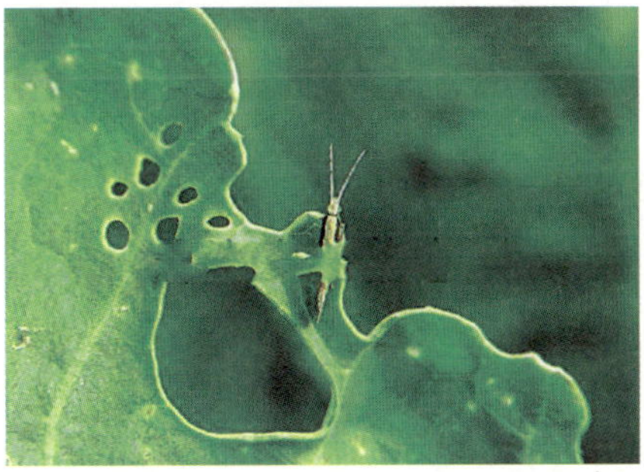

小菜蛾

小知识 **大白菜生理病害——脱帮**

大白菜冬季贮藏两三个月后，叶球外部的叶片会逐渐脱落，叶色变黄，若被微生物侵害会进一步腐烂。贮库（窖）温度变化大，湿度低或通风不良时，更会引起大量外层叶片“脱落”。采收前3~5天，以25~50毫克/千克的2,4－D钠盐水溶液喷施大白菜，以外部叶片几乎全湿为准，可预防“脱帮”发生。

单元六
甘蓝农场化生产专项技术

单元提示

1. 适合农场化生产的甘蓝品种及育苗技术。
2. 甘蓝栽培技术要点。
3. 甘蓝施肥技术及未熟抽薹解决方案。
4. 甘蓝常见病虫害识别与防治。

一、甘蓝品种及育苗技术

1. 甘蓝生产须知

甘蓝又名洋白菜、圆白菜、包心菜、卷心菜等。甘蓝的适应性和抗逆性均较强，易栽培，产量高，耐贮运。甘蓝可分为普通甘蓝、紫甘蓝、皱叶甘蓝三个变种。

甘蓝是半耐寒、两年生蔬菜，全生育期分为营养生长期和生殖生长期。从种子发芽、幼苗生长、莲座叶形成到结球包心完成为营养生长期，从孕蕾开花到结成种子为生殖生长期。

甘蓝种子在2～3℃开始发芽，以18～25℃发芽最快；幼苗期能耐较高温度，但30℃以上易出现“高脚苗”；20～25℃适宜外叶生长；进入结球期后，以15～20℃为宜。

甘蓝要求较高的湿度，一般在80%～90%的空气相对湿度和70%～80%的土壤湿度条件下，生长和结球最好。

甘蓝对土壤的适应性强，但以富含有机质的黏土或壤土栽培最好，结球甘蓝耐肥，生长期需大量的肥料。

2. 品种推荐

适合中部、华北地区栽培的甘蓝	普通甘蓝品种:豫甘1号、豫艺绿秀、绿秀2号甘蓝、魁首甘蓝、冬久2039、豫甘5号、甜丝丝甘蓝、豫生4号、豫甘3号、冬绿甘蓝、墨玉50甘蓝、费罗。
	紫甘蓝品种:红亩、原石红、紫甘一号、早红等。

二、甘蓝农场化栽培要点

1. 播种育苗

苗床地选择地势阴凉、排水良好、水源方便、肥沃疏松的地块。床土应深翻，并用有机肥作底肥，待土干后，整细耙平，按1～1.4米开厢，每亩播种750～1 000克，有条件的最好用营养钵（块）育苗移栽。播种后浇足底水，再盖上0.5厘米厚的沙土。

秋冬甘蓝播种时正值高温多暴雨的时期，应及时搭棚遮阳挡雨，遮阳棚内要能透过散射光，并根据天气、温度等情况，灵活揭盖。在苗龄25天左右，真叶3～4片时，以15厘米见方假植一次，以控制幼苗徒长。

若幼苗生长矮小，叶色淡，可追施1～2次尿素（3～4千克/亩），遇旱情可早晚灌水。

早秋及秋冬甘蓝的定植期正逢高温干旱季节，定植后要及时覆盖遮阳网降温，并根据天气、苗及土壤湿度情况灵活揭盖，保证苗齐苗壮。

2. 整地与施基肥

选择土层深厚肥沃且疏松、保水保肥力强、排灌水方便的土壤。栽前应深翻土，采用深沟高畦栽培，畦高约 20 厘米，基肥每亩施腐熟有机肥 5 000 千克，过磷酸钙 25 千克，草木灰 150 千克（或氯化钾 10 千克）。

3. 定植

当苗龄 40 天左右，苗高 10 厘米，真叶 6～8 片时，选晴天下午或阴天带土移栽，定植后浇足定根水。

当外界温度稳定在 15℃时，可以撤膜，放苗。

三、甘蓝施肥技术

结球甘蓝喜湿耐肥，整个生长期一般追肥3次以上，追肥重点应在莲座叶生长的盛期即开盘期和结球的前期和中期。第一次在幼苗成活长新叶时，结合中耕除草，每亩施尿素10～15千克（春甘蓝要酌情降低用量）；第二次在开盘期，每亩施尿素20～25千克；第三次在结球期，每亩施尿素30千克。

在结球初期还可采用0.2%磷酸二氢钾800倍液喷施叶面，以促进结球和提高品质。

当甘蓝开始结球包心时，要注意钙、硼等中微量元素的补充。此时是“干烧心”病害发生的高峰期，适当补充钙、硼元素可以避免此病害的发生，保证蔬菜品质。

特别提示

春甘蓝未熟抽薹解决方案

甘蓝在幼苗期至结球之前，受低温影响，满足了它的春化要求，一旦遇到长的日照就不形成叶球，而直接进入孕蕾、抽薹、开花、结实的现象称为未熟抽薹或先期抽薹。这是春甘蓝秋播越冬栽培经常遇到的问题。

解决方案：①选择冬性强的品种作为春甘蓝栽培品种，不易抽薹，如京丰一号、鸡心、牛心等。②严格掌握播种期，中原地区播种期一般安排在12月下旬至12月初，如遇气温较低则播种期要适当推迟，气温较高可适当提前播种。③选小苗移栽。春甘蓝大苗最易通过春化阶段，即幼苗茎基部粗0.6厘米以上，叶6片以上，遇到0～12℃的低温15～30天或1～4℃的低温条件易通过春化阶段而发生未熟抽薹，因此要通过控制苗期施肥、适当进行假植（1～2次），抑制幼苗大小。

四、甘蓝病虫害识别与防治

1. 黑腐病

病菌主要危害叶片、叶球和球茎。

症状与发病规律

病菌多从叶片边缘水孔侵入发病，逐渐向内发展，呈“V”字形病斑，出现黄色晕圈，最后使周围叶肉变黄或枯死。病菌进入维管束后，蔓延至球茎部或叶脉及叶柄，引起叶柄和茎腐烂，干燥时形成淡褐色干腐，植株萎蔫，剖开球茎，可见维管束发黑或腐烂。

高温高湿，重茬连作，土壤排水功能差，氮肥施用量大，有机肥、钾肥和微量元素（锌、锰、钼）等施用量少，土壤微生物环境不平衡，都有利于病菌的存活及繁殖。

防治措施

①种子消毒。用50℃温水浸种20～30分，或用0.1%硫酸铜溶液浸种15分，或用20%农用链霉素可湿性粉剂1 000倍液浸种2小时，冲洗后晾干播种。

②发病严重的地块与十字花科蔬菜实行2～3年轮作。改善土壤供、排水条件，增施有机肥、磷钾肥和微肥。加强田间管理，适时播种，合理灌溉，防治虫害。

③用50%代森铵800～1 000倍液喷湿土壤或50%多菌灵可湿性粉剂800倍液浇灌苗床；用14%络氨铜水剂600倍液，或77%氢氧化铜可湿性粉剂500倍液，或72%农用链霉素可溶性粉剂5 000倍液，7～10天1次，连喷2～3次。

2. 病毒病

症状与发病规律

一般在高温干旱条件下发病重，尤其是土壤温度高时更易发病。

苗期发病，叶脉附近的叶肉黄化，并沿叶脉扩展。有的叶片上出现直径2～3毫米圆形褪绿黄斑或褪绿小斑点，后变为浓淡相间的绿色斑驳。成株发病，嫩叶表现浓淡不均斑驳，老叶背面有黑褐色坏死环斑，后期容易穿孔。病株结球晚且松散。

防治措施

①选用抗病品种。

②加强田间管理，合理用水，防止地温过高，适期早播，促进早发。

③在畦间悬挂或铺银灰色塑料薄膜可有效地驱避菜蚜，必要时喷药杀蚜，减少传毒媒介。

④可用20%病毒A可湿性粉剂500倍液，或0.5%抗毒剂1号水剂300倍液，或20%病毒克星水剂500倍液，或5%菌毒清水剂500液，或20%病毒宁可溶性粉剂500倍液，或1.5%植病灵乳剂1 000倍液等药剂喷雾。每隔5～7天喷1次，连喷2～3次。

3. 软腐病

症状与发病规律

一般结球期发病，病初在外叶或叶球基部出现水浸状斑，植株外层包叶中午萎蔫，早晚恢复，数天后外层叶片不再恢复，病部开始腐烂，叶球外露或植株基部逐渐腐烂成泥状；或塌倒溃烂，叶柄或根茎基部的组织呈灰褐色软腐，严重的全株腐烂，病部散发出恶臭味。

防治措施

①加强栽培管理，避免在菜株上造成伤口；避免连作；实行深沟窄畦栽培，注意排水。早期发现病株，连根拔除，将其深埋，病穴用石灰消毒。

②及时防治小菜蛾、菜青虫和跳甲等虫害，减少植株伤口。

③发病初期选农用链霉素200万~300万单位，或用0.5千克抗菌剂401对水250~300千克喷雾；或用敌克松原粉0.5千克对水150千克灌根。交替用药3~4次，每隔7~10天。发病后期可选用72%农用链霉素可溶性粉剂4 000~5 000倍液，或77%可杀得可湿性粉剂2 000倍液，或50%福美双可湿性粉剂500倍液。

4. 根肿病

症状与发病规律

该病多在早春地膜覆盖的或在小拱棚、塑料大棚中栽培的甘蓝植株上发生，属低温高湿病害，病菌随灌溉水传播。

在幼苗或定植后不久发病，茎基部表皮变为褐色，腐烂，随之根系腐烂，病株很容易被拔出。根部形成肿瘤，地上部分生长缓慢矮小，基部叶片逐渐变黄、枯萎直至死亡。

防治措施

①加强栽培管理，实行轮作，及时清除病苗，注意排水及施用腐熟的有机肥。

②发病初期浇灌10%治萎灵水剂300倍液，或50%杀菌王可溶性粉剂1 000倍液，每株灌药液0.5升；或5%菌毒清水剂400倍液灌根，每株200毫升。每隔7天1次，连喷1~2次。

5. 甘蓝灰霉病

症状与发病规律

该病在低温高湿情况下发病严重。设施栽培时，叶面结露易发病。低洼地、排水不良，或浇水过多、不通风、湿度大，发病重。

病斑初呈水渍状，随后扩展腐烂；潮湿时，病部上生有灰色的霉层；干燥时，不长灰霉，虽然腐烂，但没有臭味。

防治措施

①高畦覆盖地膜栽培。施足基肥，保持植株健壮生长。保护地生产时要密切注意棚室内温、湿度变化，防止高湿，及时放风排湿，特别是地表湿度不宜太大。及早发现病株，摘除病叶深埋。

②发病初期及时喷药，可选用50%速克灵可湿性粉剂1 500倍液，或50%扑海因可湿性粉剂1 200倍液，或50%农利灵可湿性粉剂1 000倍液，或40%多硫悬浮剂500倍液，或30%克霉灵可湿性粉剂800倍液，或65%甲霜灵可湿性粉剂1 000倍液喷雾。每隔7天喷1次，连喷3次。

6. 菜青虫

主要取食甘蓝叶片，严重时能把叶肉吃光，仅留下叶脉和叶柄。菜青虫对甘蓝造成的伤口还易招致软腐病等病菌的侵入。

防治措施

①避免连作，清洁田园。

②气温20℃以上时，可用Bt乳剂500～800液喷雾防治。

③化学药剂防治，50%辛硫磷乳油2 000倍液，或25%杀虫双水剂500倍液喷施。

7. 小菜蛾

受害甘蓝幼苗生长畸形，不能包心，生长中后期将甘蓝叶食成孔洞，严重时全株被吃成网状，导致甘蓝千疮百孔，不能正常生长，影响其产量和品质。

防治措施

①避免连作，及时处理田间残株落叶。利用小菜蛾成虫具有趋光性的特点，在菜田中安装黑光灯、频振式杀虫灯诱杀成虫。每5～10亩菜田安装1盏黑光灯或频振式杀虫灯。要注意每日清理死虫。

②用Bt乳剂每亩400毫升按要求稀释后喷施，或用5%锐劲特胶悬剂100倍液喷施。

8. 斜纹夜蛾

以幼虫钻入叶球，取食叶肉，并排泄粪便，可造成整株腐烂。幼虫体长33～50毫米，头部黑褐色，胸部颜色多变，从土黄色到黑绿色都有，体表散生小白点。

防治措施

①蔬菜收获后及时深翻土壤可深埋部分蛹。根据幼虫 2 龄前群集危害习性，及时摘除卵块和纱窗状被害叶。

②诱杀成虫，发蛾高峰期用糖、酒、水、醋按 3:1:2:4 比例加少量敌百虫配成糖醋液诱杀。

③选用 37.5% 拉维因液悬浮剂 40～50 毫升/亩，按要求稀释后喷施，或用 2.5% 天王星乳油 3 000 倍液喷施。

知识链接

中甘 21 号

该品种植株开展度约 52 厘米，外叶约 15 片，叶色绿，叶面蜡粉少，叶球紧实，叶球圆球形，从定植到收获约 50 天，单球重 1.0～1.5 千克，产量 3 800 千克/亩。抗逆性强，耐裂球，不易未熟抽薹。

华北地区春露地栽培一般于 1 月中下旬温室育苗，2 月中下旬分苗。苗床应控制温度，防止幼苗生长过旺、过大，造成幼苗通过“春化”阶段而发生未熟抽薹。定植时间不可过早，一般在 3 月底至 4 月初露地定植，栽植密度为每亩 4 500 株。定植时幼苗以 6～7 片叶为宜。定植后采取两次 5～7 天小蹲苗，以控制苗子在前期生长过旺。蹲苗后苗子开始包心时追肥。3～4 水后即可收获上市。

单元七

萝卜和胡萝卜农场化生产专项技术

单元提示

1. 萝卜和胡萝卜农场化生产关键环节精细管理方法。
2. 畸形萝卜和胡萝卜产生的原因及应对措施。
3. 萝卜和胡萝卜常见病虫害识别及防治。

一、萝卜对环境的要求及农场化栽培模式

1. 萝卜对环境的要求

（1）发芽期　种子发育适温 20 ~ 25℃，从种子萌发到第一片真叶展开需 5 ~ 7 天。

（2）幼苗期　第一真叶展开至“破肚”需 15 天。此期要求较高温度和

较强光照。

（3）莲座期　从“破肚”到“露肩”需20～30天。初期地上部分生长量大于地下部分，后期肉质根快速膨大，根肩逐渐粗于顶部，称为“露肩”。莲座前期以促为主，莲座后期以控为主。

（4）肉质根生长盛期　从“露肩”到收获。此期对肥料要求多，如遇干旱易引起空心、辣味。

2. 萝卜农场化栽培模式

（1）秋冬萝卜　夏末秋初播种，秋末冬初收获，生长期60～100天。秋萝卜大多为大中型品种，产量高，品质好，耐贮藏，供应期长。秋冬萝卜是各类萝卜中栽培面积最大的一类。常见的品种有潍县萝卜、露头青、露八分、大青皮、大红袍、灯笼红、王兆红等。

（2）冬春萝卜　南方栽培较多，晚秋播种，露地越冬，翌年2～3月收获，耐寒性强，不易空心，抽薹迟。

（3）春夏萝卜　3～4月播种，5～6月收获，生育期45～70天，产量低，供应期短，栽培不当易抽薹。

（4）夏秋萝卜　夏秋萝卜具有耐热、耐旱、抗病虫的特性。北方多夏播秋收，于9月缺菜季节供应，生长期正值高温季节，必须加强管理。

（5）四季萝卜　肉质根小，生长期30～40天，较耐寒，适应性强，抽薹迟，四季皆可种植。常见的品种有二十日大根、四十日大根、东方可惠。

小知识　**萝卜和胡萝卜品种推荐**

白萝卜主栽品种有郑研心里美（红心萝卜）、超级郑研、绿玉、郑禧991、郑研791。

胡萝卜主栽品种有新秀三红、新红参三号、豫红七寸参、郑参丰收红、郑参秀红。

二、秋冬萝卜露地栽培技术

1. 选择地块

萝卜根深叶茂，吸肥力强，需肥较多，病虫危害较重，应注意茬口选择和轮作。萝卜的前茬宜选择施肥多而消耗养分少的菜地，最好是黄瓜、甜瓜等瓜茬；其次是马铃薯、豆类等蔬菜和小麦、玉米等粮食作物。农场化生产不提倡间作套种。

秋萝卜不宜与十字花科蔬菜如白菜、菜花等连作，防止根传病害的发生，最好隔3～4年轮作1次。

2. 整地施肥

萝卜生长的首要条件是土壤疏松、肥沃，因此要选择土层深厚的中性或酸性沙质壤土，进行深耕细耙。耕翻深度因品种而异，大型或入土较深的萝卜品种，一般深耕25～35厘米，入土较浅的品种可适当浅耕。萝卜都用种子进行直播，不能移植，因此要求土地平整，土壤细碎，没有坷垃。否则会使种子入土深浅不匀而影响出苗，并容易引起死苗，造成缺苗断垄。

增施底肥是秋萝卜丰产的基础。底肥应以有机肥为主，施底肥应结合整地进行，每亩施腐熟圈肥3 000～4 000千克，肥料一定要细碎，土肥要充分混合。

3. 品种选择

萝卜的不同品种丰产性和抗病性有很大差别。因此，在选择品种时，既要考虑到丰产性，又要从当地病虫害的实际情况出发，使品种的生长期与当地适于萝卜的生长日数相吻合，根据栽培目的和当地的气候、土质条件选用品种。

4. 播种时间

中部地区一般在入伏后10天种植，即“头伏萝卜，二伏菜”。

北方地区7月下旬到8月上旬播种，10月下旬到11月上旬收获。为了均衡上市，播期可适当错开，较耐热的品种可在6～7月播种，9～10月收获。生食品种如心里美、卫青等，为提高品质、增强耐贮性，应适时晚播，一般在立秋前后播种，立冬前后收获。

5. 播种方法

采用直播法，把种子点播或条播在垄上，小萝卜可撒播在畦上，播种深度为1～1.5厘米，不宜过深，播后用铁耙轻搂细土覆盖种子，然后用脚踏实。

6. 田间管理

播后4～5天幼苗出土后，进行查苗补种。子叶展开时，第一次间苗，出现2～3片真叶时，第二次间苗。点播的每穴留苗2～3株，条播的每隔3厘米留苗1株。留苗应注意去掉杂苗、劣苗、病苗，中耕除草要结合间苗。

秋萝卜生长期较长，产量也高，除施足底肥外，追肥一般进行2次。第一次在直根根部开始膨大时，以速效氮肥为主，配合磷、钾肥；第二次在第一次追肥后20天左右，结合浇水每亩追尿素10千克。萝卜对微量元素的需要量也很大，缺硼会引起萝卜褐色心腐病和根部表皮木栓化，因此要注意施用微肥。

萝卜灌溉，除根据生长特点和各个生育时期对土壤水分的要求进行灌水外，还要看降水、土质、地下水位、空气和土壤湿度而定。苗期需水较少，但在天气炎热、干旱时须注意浇水。莲座期是叶生长盛期，为防止茎叶徒长，要适当控制水分，进行蹲苗；肉质根生长盛期，必须充分供应水分，保持土壤经常湿润，一般无降水的需7～8天浇1次水，到收获前5天停止浇水。

三、春胡萝卜露地栽培技术要点

胡萝卜适宜生长的环境条件是秋季冷凉的天气。但蔬菜农场为了解决6～7月鲜胡萝卜供应问题，满足市场需求，可进行胡萝卜反季节栽培，即春种夏收。

春胡萝卜栽培有一定的技术难题，但经济效益较高，适合农场化生产。

1. 选地、整地、施肥

（1）选地　春种夏收一茬胡萝卜生长期短，对土壤和肥力要求高。地块应选择背风向阳、地势高燥、土层深厚、肥沃、富含有机质、排水良好、土壤孔隙度高的沙壤土或壤土。这样的土壤在早春季节升温快，有利于幼苗生长。

（2）整地　在前茬作物收获后，清理田间杂草秸秆，深翻土壤25厘米左右，晾晒一周。春季栽培胡萝卜，一般采用平畦栽培，畦宽1.5～1.7米，畦长7～8米。

（3）施肥　播种前，施足底肥，每公顷施优质腐有机肥60 000～75 000千克、磷酸二铵150～225千克、草木灰1 500～2 250千克或硫酸钾150～225千克。施肥后，将畦刨一遍，使土和肥料混合均匀，再耙细、整平畦面。

小知识

防寒增温措施

春季气温低，经常有大风天气，使用防风障有利于降低风速，防寒增温，是保证春季栽培胡萝卜丰产的重要措施之一。设置防风障的时间一般在早春土壤解冻后，选择晴朗无风天气，在整好的土地上，沿东西方向，挖30厘米深、15～20厘米宽的风障沟，用玉米秆和竹竿做一道防风障。防风障北侧披上稻草帘或其他遮挡物，防风障高2米左右，两道防风障之间距离为5～7米。

2. 选择优良品种

适宜春季种植的主要品种有郑参丰收红、郑参秀红、新红胡萝卜、日本新黑田五寸、红福四寸、夏时五寸等。

3. 播种

（1）种子处理　胡萝卜种子带毛且小，不易吸水和透气，加上春播地温低，导致种子发芽出苗慢。为促进早发芽出苗，播种前应进行浸种催芽。方法是：用30～35℃的温水浸种3～4小时，捞出后用湿毛巾或袋子装好保湿，置于25～30℃温度下催芽3～4天，其间每天用清水冲洗1次，待

80%～90%种子露白后即可拌湿沙播种。

（2）播种方法　中部地区在3月中下旬播种。播种期不宜过早或过晚，过早易出现未熟抽薹现象，过晚生长后期温度过高影响肉质根产量和品质。可采用撒播或条播，但以条播为佳，因为春季地温低，如果采用撒播，播种时因大水漫灌，造成地温降低幅度大；采用条播，可开沟顺沟浇小水，与大水漫灌相比地温降低幅度小。因此春季栽培胡萝卜最好采用条播方式。

（3）播种后加覆盖物　为了保温保湿，加快出苗速度，在播种后，可立即加覆盖物。

小知识　**推荐四种覆盖方法**

方法一：播种覆土后，在畦面上盖一层4厘米厚的麦秸，待大部分种子拱土后去掉麦秸。

方法二：播种覆土后，在畦面上盖一层地膜，待大部分种子出土后揭掉地膜。

方法三：在畦面每隔50厘米放1根玉米秆支撑，在玉米秆上覆盖地膜，出苗后逐渐炼苗，5～7天后去掉地膜。

方法四：采用麦秸、地膜双重覆盖。先盖麦秸，待种子拱土后将麦秸去掉，然后放玉米秸盖地膜，出苗炼苗后再去掉地膜。

4. 田间管理

（1）苗期管理要点　胡萝卜播种后10天左右可出苗，幼苗出齐后，选择晴朗无风天，最好在上午将覆盖物麦秸或地膜揭掉。

注意：在寒冷、大风天揭覆盖物易“闪苗”。由于地膜覆盖时间较短，很少有破损，因此可回收再利用。

当幼苗长出2片真叶时，选择晴朗无风天的中午进行第一次间苗，保持苗距2～3厘米即可。

幼苗3～4片真叶时进行第二次间苗，可定苗，保持苗距在10厘米左右。定苗后开始浅中耕一次，结合中耕，进行松土、除草、培土。

春胡萝卜幼苗期一般不宜浇水。

（2）胡萝卜肉质根膨大期　膨大初期气温逐渐回升时开始浇水。胡萝卜肉质根在生长中后期需肥水量最多，应及时供给充足的水肥，经常保持土壤湿润。浇水不足，则肉质根瘦小而粗糙。供水不匀易引起肉质根开裂。一般后期追肥2～3次，每公顷用磷酸二氢钾37.5～45千克加水1 500～1 875千克进行根外追肥。如发现地上部生长过旺，就用15%多效唑可湿性粉剂1 500倍液喷施，以促进肉质根膨大。春胡萝卜病虫害较少，但在生长后期遭受蚜虫危害时，可用2.5%溴氰菊酯乳油2 500倍液喷雾防治。

5. 采收

春胡萝卜在6月中旬至7月上旬，肉质根已充分膨大，根据需要可分批分期采收。收获前几天要灌一次水，待土壤表面微干即可收获。

一般气温上升到30℃，不仅抑制肉质根的膨大，还会影响胡萝卜的品质，应及时全部采收。

收获后，有条件的贮存在0～3℃的冷库内，可在整个夏季随时供应上市。

四、畸形萝卜和胡萝卜产生的原因及应对措施

（一）畸形萝卜

1. 原因

造成畸形根的原因

土壤耕作层太浅，耕作层板结；根下有石块、砖头等；施用未充分腐熟的有机肥；施用肥料不均匀；有机肥中尿素含量过多；施用尿素肥料直接接触直根；浇水过勤、过大、过多，土壤透气不良，造成土壤板结。

造成黑皮和黑心的原因

施用未充分腐熟的有机肥；土壤板结、坚硬，通气不良；生长期灌水太多，产生沤根，部分组织缺氧；黑腐病危害。

造成裂根的原因

天气长期干旱，土壤长期干燥，如果突浇大水或遇大雨，根迅速生长，易发生裂根。

辣味过浓的原因

天气干旱，土壤长期缺水；有机肥施用不足；过多施用氮素化肥；品种因素。

糠心的原因

土壤温度过高，干旱，导致呼吸作用强；收获过晚；贮藏中高温干燥；土壤缺钾；种植过早，易“先期抽薹”造成。

造成苦味的原因

天气过于高温、干旱；施用氮肥偏多；土壤中缺磷。

2. 应对措施

①选用优良杂交种。在生产中，注意选择绿皮辣味轻、苦味轻、根入土

较浅，肉质密的品种。

②选择适宜的播期。生食萝卜秋季应适当晚播，春萝卜播期不宜太早。

③选择土层深厚、疏松的土壤，施用充分腐熟的有机肥料，均匀施肥。增施磷、钾肥，配方施肥。

④合理浇水，切忌忽干忽湿。天气干旱时应注意及时浇水，保持地面湿润。

（二）畸形胡萝卜

1. 原因

肉质根分叉、弯曲

采用陈种子栽培时，因陈种子的生活力弱，发芽不良，影响幼根先端生长，而产生分叉、弯曲的异形根；土壤黏重，或土中有砖石、树根、废塑料薄膜等杂质，使胡萝卜的生长受阻而产生异形根；施用新鲜厩肥，肥料在土壤中发酵、发热，或化肥使用浓度过高，胡萝卜的主根在土中受损以后产生侧根，地上部分积累的养分贮藏在侧根中，而形成胡萝卜的异形根；间苗过晚或定苗过密、过稀时，根系生长拥挤，主根弯曲，或营养面积过大，主、侧根同时肥大，都会形成胡萝卜的异形根；土传病虫害如线虫病、蛴螬、蝼蛄类危害主根，主根受伤以后植株地上部分积累的营养物质贮藏到侧根中产生叉根。

肉质根开裂

生长期内土壤供水不匀所致，尤其是生长初期遭受干旱，表皮硬化，内部细胞分裂缓慢，而生长中、后期由于下雨或大水猛灌，水分增加过快。

肉质根着色不良

着色的好坏与温度、土壤等生产条件有关。一般温度低于16℃或高于21℃，胡萝卜肉质根形成不良，所以胡萝卜形成期间的温度以16～21℃为最好。土壤排水良好、空气充足、通透性好，则着色良好；反之，土壤坚实，空气少、排水不良，则着色差。

肉质根中心柱增粗

胡萝卜中心柱的粗细除因品种不同而有差异外，还与栽培技术有关。植株生长旺盛、叶数增多、腋芽发生早而发达……使胡萝卜肉质根粗大，中心柱也随之大而发达。

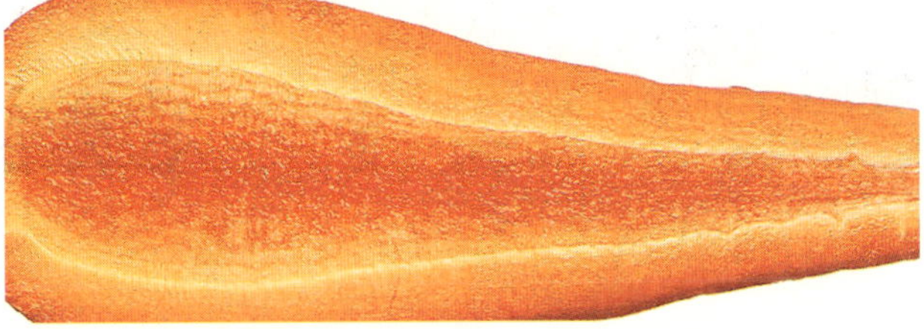

肉质根表皮出现的生理病害（之一）病斑

在土壤干燥、施肥过浓、土壤酸性或碱性较强、含钾或铵离子过多的条件下，钙的吸收受到阻碍，常会引起缺钙症，而使胡萝卜的根部产生圆形的黑色斑点。

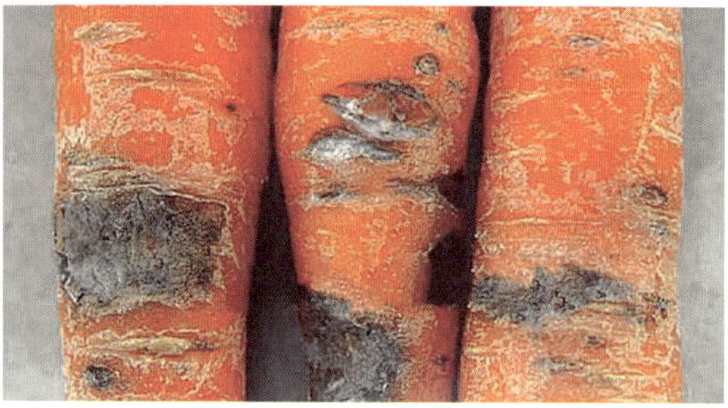

肉质根表皮出现的生理病害（之二）瘤子

株距和行距过大、植株生长旺盛、肉质根发达，或植株生长的中后期土壤干燥、盐碱过重、温度过高等，都会产生瘤子胡萝卜。

肉质根表皮出现的生理病害（之三）青肩

行距和株距过大，肉质根长大后肩部露出土表，受阳光照射后变成青色，称为青肩胡萝卜。

2. 应对措施

①使用新鲜的、充分成熟的种子。

②土壤必须深耕细作，拾去树根、砖瓦、石块、旧薄膜等杂质，种子播在深沟高畦、排水良好的土壤中。

③不施未经腐熟的基肥和浓度过大的化肥。

④及时间苗，保证幼苗应有的营养面积，促进主根正常生长。

⑤在土壤病虫害较多的地区，播种前施用杀虫剂或杀菌剂，防止地下病虫害的发生。

⑥裂根一般都发生在生长后期，收获不能过晚。

⑦提高土壤中钾、镁含量，可提高胡萝卜的着色度。

⑧株行距空隙适当可使中心柱正常。

⑨多施疏松腐熟的有机肥料、防止土壤盐碱过重、均匀供应土壤水分等措施，均有利于防止瘤子胡萝卜的产生。

五、萝卜和胡萝卜病虫害防治

萝卜常见的虫害有蚜虫、菜青虫、钻心虫、黄条跳甲等。

萝卜常见的病害主要有软腐病、霜霉病等。

1. 蚜虫防治

可用10%吡虫啉可湿性粉剂1 000倍液喷雾、40%乐果乳油1 000～1 500倍液或10%氯氰菊酯乳油2 000～5 000倍液喷杀。

2. 菜青虫防治

（1）清洁田园　收获后及时清除田间残株老叶，并深翻土地，消灭越冬蛹或非越冬蛹，减少田间虫口密度。

（2）提早栽培期　春季栽培时，尽量利用早熟品种，提早播种，进行地膜覆盖，提早收获。争取在菜青虫危害盛期收获完。

（3）人工捕杀　在蜜源植物花上人工捕杀成虫，在菜叶上捕杀幼虫。

（4）药剂防治　在幼龄期及时喷药。常用的药剂为Bt乳剂500～1 000倍液，每公顷用药1 500克。还可用25%灭幼脲悬浮剂2 000～2 500倍液，或40%菊杀乳油2 000～3 000倍液，或20%杀灭菊酯乳油2 000～3 000倍液，或90%敌百虫晶体1 000倍液，或50%辛硫磷乳油1 500～2 000倍液，或10.8%凯撒乳油1 000～2 000倍液，或35%赛丹乳油3 000～5 000倍液等喷施。

3. 白萝卜软腐病

症状与发病规律

主要危害根、茎、叶柄或叶片。根部染病常始于根尖，初呈褐色水浸状软腐，后逐渐向上蔓延，使心部软腐溃烂成一团。叶柄和叶片染病，亦先呈水浸状软腐。遇干旱后停止扩展，根头簇生新叶。病部与健部界限分明，常有褐色汁液渗出，致整个萝卜变褐软腐。

防治方法

- 选择无病地种植，与非十字花科蔬菜进行 3 年以上轮作，起垄栽培。
- 选用抗病品种，并时期播种。
- 加强肥水管理，有机肥必须腐熟，不宜大水漫灌，雨后要及时排除积水。

及时防治蚜虫、菜青虫、黄条跳甲及地下害虫。

用种子重量的1%～1.5%的农抗751拌种，也可在播种时，将丰灵置于萝卜种子周围，使其在根围成群落，拮抗软腐病菌。方法是每亩用丰灵1包与先浸湿的种子拌匀，晾干后播种。

用农抗751或丰灵喷淋，苗期用1%～1.5%的农抗751喷淋或浇灌2～3次；或用丰灵50克对水50千克，沿菜根测挖穴灌入或喷淋。

发病初期喷洒72%农用链霉素可溶性粉剂3 000～4 000倍液，或14%络氨铜水剂300～350倍液，每隔10天左右喷1次，连喷1～2次。

4. 白萝卜霜霉病

症状与发病规律

苗期至采种期均可发生，病害从植株下部向上扩展。发病初期，叶面出现不规则褪绿黄斑，后渐扩大为多角形或不规则的黄褐色病斑，直径3～7毫米，湿度大时，叶背或叶两面长出白霉，即病原菌（孢囊梗与孢子囊）繁殖体，严重的病斑连成片致叶片干枯。茎部染病，现黑褐色不规则状病斑，且上面生出白色霉状物。根部发病，受害病部产生灰黄色至灰褐色稍有凹陷的斑痕，贮藏时，极易引起腐烂。种株染病，多危害种荚，病部呈淡褐色不规则斑，上生白色霉状物。

防治方法

选用抗病品种。

适期播种，不宜早播；与非十字花科作物隔年轮作。

前茬收获后清除病叶，及时深翻。发病初期，及时拔除病叶或病株。

精选种子及种子消毒，选无病株留种。播种前用种子重量的0.3%的25%甲霜灵可湿性粉剂拌种，或用种子重量0.4%的75%百菌清可湿性粉剂，或50%福美双可湿性粉剂拌种。

发病初期，可用75%百菌清可湿性粉剂600倍液，或50%灭菌丹可湿性粉剂500倍液，或25%甲霜灵可湿性粉剂800倍液，每隔7～10天防治1次，连续防治3～4次。叶背面也应喷施药液。

5. 胡萝卜常见病虫害

胡萝卜病虫害防治参见萝卜。

软腐病

猝倒病

附　蔬菜农场须知

一、农场化生产对蔬菜的分类

喜热型不经霜打的蔬菜

番茄、茄子、青椒、四季豆、毛豆、各种菜豆、南瓜、黄瓜、苦瓜、丝瓜、甜瓜、苋菜、空心菜、甜（糯）玉米、芋头、空心菜等。

喜凉型不耐热的蔬菜

大白菜、白萝卜、芥菜、甘蓝、花菜、土豆、生菜、莴笋、胡萝卜、芹菜、甜菜、芹菜、小白菜、上海青、洋葱等。

耐寒型在地里越冬的蔬菜

蚕豆、豌豆、油菜、芦笋、菠菜、芫荽。

不同月份适宜种植的蔬菜

一月

黄瓜、西葫芦、丝瓜、苦瓜、南瓜、冬瓜、甜瓜、番茄、芹菜、青花菜、花菜、甘蓝、紫甘蓝、生菜、小白菜、菠菜、莴笋、芫荽、茴香。

二月

黄瓜、西葫芦、节瓜、丝瓜、四季豆、豇豆、扁豆、尖椒、毛豆、樱桃萝卜、萝卜、生菜、小白菜、大白菜、菠菜、苋菜、荆芥、早春莲藕、菜心、茼蒿、香椿、菜瓜、蛇瓜。

三月

黄瓜、苦瓜、丝瓜、冬瓜、南瓜、葫芦、佛手瓜、四季豆、豇豆、扁豆、毛豆、刀豆、茄子、菜玉米、萝卜、大白菜、小白菜、胡萝卜、芹菜、四棱豆、水芹、莲藕、芋头、山药、洋姜、苋菜、韭菜、大葱、小茴香、金针菜、紫苏。

四月

黄瓜、菜瓜、豇豆、毛豆、芹菜、莲藕、茭白、魔芋、小白菜、豆瓣菜、芥菜、生姜、黄秋葵、笋瓜。

五月

黄瓜、冬瓜、豇豆、毛豆、茄子、辣椒、甘蓝、莴笋、菜心、苋菜、小葱、小白菜、生菜、花菜、樱桃萝卜。

六月

黄瓜、豇豆、茄子、芹菜、花菜、甘蓝、球茎甘蓝、小萝卜、白菜、小白菜、苋菜、甜瓜、番茄、辣椒、芫荽、荆芥。

七月

黄瓜、豇豆、四季豆、辣椒、茄子、番茄、西芹、莴笋、花菜、甘蓝、紫甘蓝、抱子甘蓝、青花菜、苤蓝、菜薹、萝卜、胡萝卜、大白菜、菜心、蒜苗、大葱。

八月

黄瓜、西葫芦、四季豆、辣椒、甜椒、茄子、番茄、樱桃番茄、莴笋、土豆、芹菜、青花菜、芥蓝、甘蓝、花菜、红菜薹、雪里蕻、大头菜、萝卜、樱桃萝卜、大白菜、豆瓣菜、莜麦菜、菠菜、蒜苗、韭菜、辣根、防风、苋菜、球茎茴香。

九月

黄瓜、西葫芦、丝瓜、苦瓜、芸豆、荷兰豆、青豌豆、蚕豆、莴笋、结球生菜、青花菜、红菜薹、雪里蕻、小白菜、牛皮菜、菠菜、茼蒿、分葱、洋葱、芫荽、金针菜、乌塌菜。

十月

辣椒、茄子、甜椒、甘蓝、紫甘蓝、莴笋、芥蓝、萝卜、小白菜、生菜、雪里蕻、菠菜、茼蒿、芫荽。

十一月

丝瓜、苦瓜、南瓜、冬瓜、番茄、扁豆、茄子、辣椒、花菜、萝卜、小白菜、菠菜、芹菜、黑油菜、花菜、甘蓝。

十二月

黄瓜、西葫芦、瓠瓜、番茄、辣椒、茄子、土豆、蛇瓜、架豆、南瓜、冬瓜、丝瓜、苦瓜。

番茄：可常年种植，但1～2月播种的（特别是有限生长型，高圆形果的品种），易出畸形果。番茄是多年生植物，但生产上一般种植4～5个月。

黄瓜：可常年种植，但夏季高温期易出现苦味瓜。生产上一般是4个月。

大白菜：一般播种时期4～10月，生育期50～120天。

小白菜、芥菜：一般播种期3～11月，生育期20～30天。

萝卜：播种期3～10月，生育期50～100天。

辣（甜）椒：跟番茄一样，生育期90～120天。

南瓜：播种期2～10月，生育期80～120天。

二、蔬菜专用肥

蔬菜专用肥其实就是一种有机肥。

种过蔬菜的人都相信“地靠粪养，苗靠粪长”，这说明了有机肥的重要性。因为有机肥是利用动植物残骸、动物粪便生产出来的，没有任何的化学成分，使得蔬菜能够自然生长，而不是进行催熟。

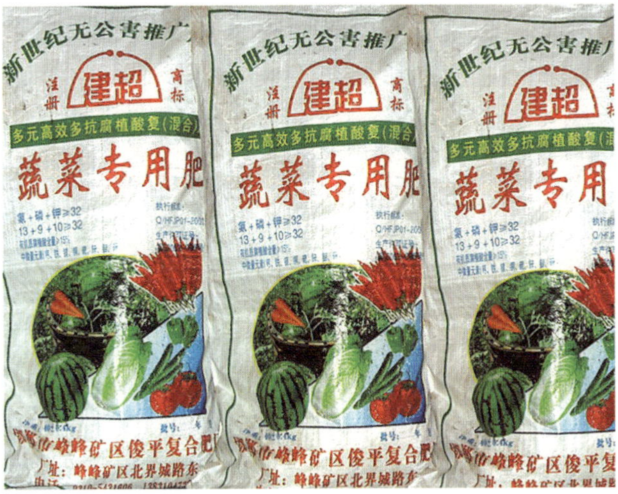

蔬菜专用肥的功效特点：针对性强，能增加叶绿素含量、促进光合作用，增强抗病、抗虫能力，使蔬菜提早上市，增加产量，并具有改善蔬菜品质、增强土壤肥力等作用，是绿色蔬菜和无公害食品的首选。

适用范围：适用于各种叶菜类、茄果类、瓜果类、根茎类蔬菜等。

主要指标：有机质≥45%，氮、磷、钾总含量≥5%。

施用方法：根据土壤肥力每亩施200～800千克。采用撒施、穴施、沟施等方法，穴施、沟施施肥深度5～8厘米，施肥后覆土盖好，如配合灌水效果更好。

蔬菜专用肥使用注意事项：①贮藏和施用应避免干燥、阳光直射和35℃

以上的高温。②肥料拆封后有酸甜的酒曲香味或白色菌丝属正常现象。③拆封后若未一次使用完，应封口放于阴凉处保存。④蔬菜专用肥配合化肥使用，效果更佳。

建议有条件的蔬菜农场自己配制蔬菜专用肥或自然沤制有机肥。

三、提倡使用的生物农药和允许使用的化学农药

1. 提倡使用的生物农药

1.5% 多抗霉素可湿性粉剂

①防治番茄早疫病，每亩用量 1 000 ~ 1 200 克；番茄白粉病，每亩用量 1 300 ~ 1 500 克；番茄立枯病，每亩用量 1 200 ~ 1 400 克；番茄晚疫病，每亩用量 1 300 ~ 1 500 克；番茄猝倒病，每亩用量 1 000 ~ 1 200 克；番茄青枯病，每亩用量 1 200 ~ 1 400 克；番茄黑星病，每亩用量 1 000 ~ 1 200 克；番茄叶霉病，每亩用量 1 000 ~ 1 200 克，喷雾。

②防治黄瓜白粉病，每亩用量 1 000 ~ 1 200 克；黄瓜锈病，每亩用量 1 000 ~ 1 200 克；黄瓜轮纹病，每亩用量 1 200 ~ 1 400 克；黄瓜枯萎病，每亩用量 600 ~ 800 克；黄瓜立枯病，每亩用量 1 000 ~ 1 200 克；黄瓜灰霉病，每亩用量 1 300 ~ 1 500 克；黄瓜花叶病，每亩用量 600 ~ 800 克，喷雾。

4% 农抗 120 水剂

灌根法防治黄瓜、甜椒枯萎病和其他土壤病害，将植株根部土壤扒开，用 4% 农抗水剂 300 ~ 400 倍液浇灌，每株灌 0.25 千克药液。每隔 7 天灌 1 次，连灌 2 ~ 4 次。发病较重时，可适当提高药液浓度。

Bt乳剂

该药对鳞翅目害虫防治效果最佳。在气温为20～25℃、相对湿度为85%以上时，施用效果最好。喷药时，可加少量黏着剂，如加0.1%浓度洗衣粉。施用时切勿与杀菌剂（如多菌灵、甲基托布津等）混用。

Bt乳剂的药效比化学杀虫剂来得慢一些，施药时间应比化学杀虫剂要提前2～3天，以卵孵盛期至1龄幼虫期施用效果最好，如菜青虫在这一时期施用防效可达92%。

2%齐螨素乳油

又名阿维菌素。①防治小菜蛾、菜青虫，在低龄幼虫期使用2%阿维菌素乳油2 500～3 000倍液+天达2116 600倍液（瓜茄果专用型）喷雾。②防治蔬菜叶螨和各种抗性蚜虫，使用2%阿维菌素乳油4 000～6 000倍液喷雾。

使用注意事项：①喷药时应注意喷洒均匀、细致周密。②不能与碱性农药混用。③夏季中午时间不要喷药。④收获前20天停止喷药。

25%灭幼脲悬浮剂

防治农作物螟虫、菜青虫、小菜蛾、甘蓝夜蛾等害虫，用25%灭幼脲悬浮剂2 000～2 500倍液均匀喷雾即可。

使用注意事项：①在2龄前幼虫期进行防治效果最好，虫龄越大，防效越差。②灭幼脲悬浮剂有沉淀现象，使用时要先摇匀后加少量水稀释，再加水至合适的浓度，搅匀后喷用，在喷药时一定要均匀。③不能与碱性物质混用。

4%鱼藤酮乳油

防治菜青虫和蚜虫，用4%鱼藤酮乳油80～120毫升/亩，对水30千克喷雾。防治小菜蛾，用4%鱼藤酮乳油80～160毫升/亩，对水30千克喷雾。防治斜纹夜蛾，用4%鱼藤酮乳油80～120毫升/亩，对水30千克喷雾。防治蔬菜跳甲，用4%鱼藤酮乳油80～160毫升/亩，对水30千克喷雾。

使用注意事项：不能与碱性药剂混用，应随配随用。十字花科蔬菜的安全采收间隔期为3天。

25%杀虫双水剂

菜青虫、小菜蛾在幼虫2~3龄盛期前，用25%杀虫双水剂100~150毫升/亩，对水喷雾。与Bt乳剂混用效果更好，用25%杀虫双水剂150毫升/亩，加Bt乳剂200毫升，对水喷雾。

使用注意事项：用杀虫双水剂喷雾时，可加入0.1%的洗衣粉，能增加防效。

生物农药使用注意事项

科学选药。生物农药的品种很多，特点也不同，生产上应根据防治目的，选用合适的药品。

均匀施药。生物农药的多数品种属触杀剂，并极少有内吸传导作用，所以要求均匀施药，才能保证效果。一般情况下，均应常量喷雾，尽可能使叶片正反两面都着农药。每亩的喷液量，以40~50℃水为宜。粉剂施用要尽可能利用早、晚田间有露水时进行，以增加药粉附着量，提高防效。风速大时不要喷药，防止飘移浪费。

科学贮药。要放在阴凉、干燥通风处，防止在多温或强光下暴晒分解失效；如果是配好的药液，要在当天用完，防止水解失效；不宜把很多品种水剂要放在不冻的低温条件下贮存，最好在保质期内用完，过期不可再用；对活体生物剂更要十分注意贮药条件和时间，避免损失。活体天敌昆虫要在购入后，在规定的时间内放入田间，不能在一般条件下贮存。如必须贮存的应按其所要求的技术条件，在一定温度的冰箱、冷室内短期贮存。

2. 蔬菜允许使用的低毒农药和微毒农药

低毒农药：吡虫啉、吡蚜酮、敌百虫、氟虫脲、辛硫磷、除虫菊酯、拟除虫菊酯类等。

微毒农药：申嗪霉素、春雷霉素、农用链霉素、多菌灵、茚虫威（安打、凯恩）、灭幼脲、苦参碱、氟铃脲、定虫隆、咪鲜胺、吡嘧磺隆、丙草胺等（复配剂以登记证为准）。

四、蔬菜销售技巧

1. 蔬菜营销新模式

蔬菜直销模式——蔬菜农场直接到餐桌

社区支持农业（CSA）模式——以安全为前提的订单生产，直供家庭

农校对接模式——蔬菜农场直供大中专院校食堂

生态农业采摘体验模式——消费者来农场采摘，分享式销售

远程物流模式——打破地区、季节，物流链支撑下的逐级分销

阳台种菜模式——给喜欢种菜者提供育成苗，由卖菜到卖苗

社区配送模式——品牌菜专供社区居民

农超对接模式——农场直供各级超市

微信菜场模式——蔬菜带二维码上市，消费者微信扫描二维码完成购买

通过这个模式图，蔬菜农场可以定位适合自己的卖菜模式。

2. 蔬菜进入市场的渠道

- 传统渠道
  - 本地蔬菜：菜农或蔬菜农场——批发市场——商贩——居民
  - 外地蔬菜：菜农或蔬菜农场——产地批发——贩运——销售地批发——商贩——居民
- 新兴渠道
  - 农超对接
  - 互联网＋蔬菜（电商）

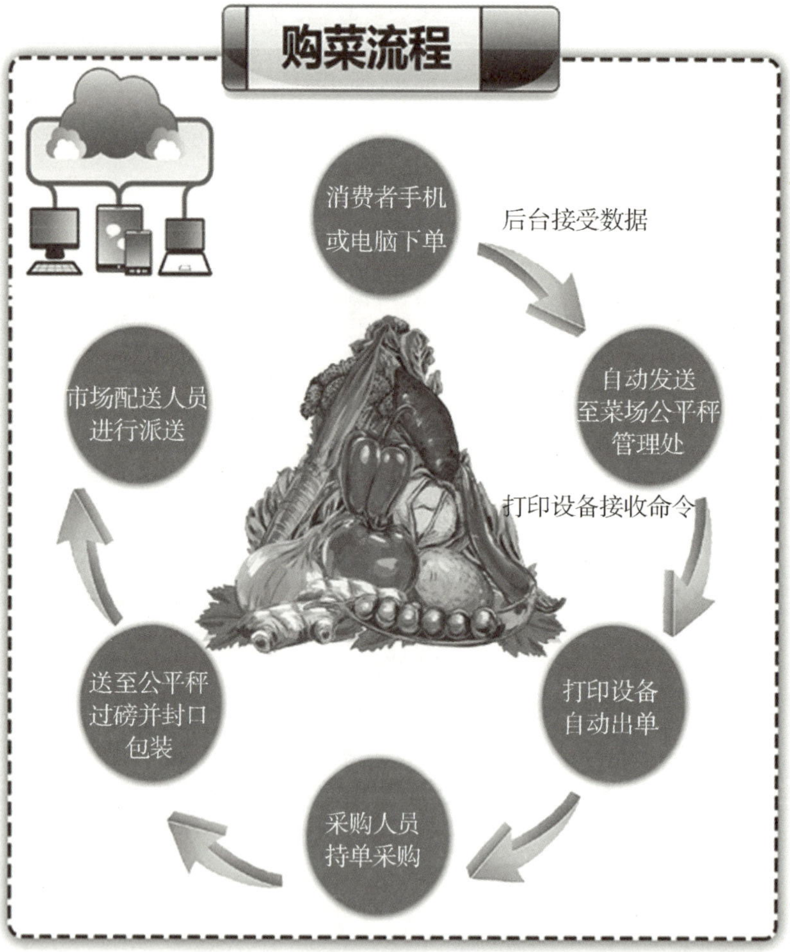

通过这个渠道图，蔬菜农场要综合考虑本地和外地蔬菜差价，有差价就会有贩运。